JN312842

メカニズムから理解する

獣医臨床薬理学

Veterinary clinical pharmacology

著：折戸謙介　麻布大学 獣医学部
　　　　　　　生理学第二研究室

チクサン出版社

ご注意
　本書中の診断法，治療法，薬用量については，最新の獣医学的知見をもとに，細心の注意をもって記載されています。しかし，獣医学の著しい進歩からみて，記載された内容がすべての点において完全であると保証するものではありません。実際の症例へ応用する場合は，使用する検査機器や検査センターの測定値に注意し，かつ薬用量等は厳密にチェックして，各獣医師の責任の下，注意深く診療を行ってください。本書記載の診断法・治療法・薬用量による不測の事故に対して，著者，編集者ならびに出版社は，その責を負いかねます。（株式会社　緑書房）

まえがき

　小動物臨床における医療技術の飛躍的な発展に伴い，人用医薬品を含め様々な薬物を用いた治療法が提案されてきた．抗菌薬やステロイド剤など，本書で取り上げた薬物には様々な種類があり，その選択の幅は広い．診療で新しい薬物を導入する際には，現在使用している薬物との相違点や多剤併用時の利点，薬物相互作用の可能性などに関する情報が必要となる．また，薬物の有用性や安全性に関する症例報告や大規模な臨床治験などから得られるエビデンスは，最適な薬物治療を展開するために大変役に立つ情報である．

　本書の各chapterでは，はじめに病態について解説し，次に小動物臨床で用いられる薬物の作用メカニズムについて，病態生理および獣医臨床の立場から解説した．同じ作用メカニズムの薬物であっても，作用時間の違いや，体内分布の特徴などにより適応疾患が異なることがある．このような事実を踏まえ，個々の薬物の特徴について薬物動態に関する情報を含めて紹介した．また有効性に関するエビデンスや投与量，薬物相互作用・副作用の可能性に関する情報については，国内外の文献情報を取り入れる形で解説した．

　本書が明日の診療に役立ち，さらなる小動物臨床の発展に少しでも貢献できれば，と願っています．

　最後に，臨床現場での薬物治療について常日頃からアドバイスを頂いたり，臨床薬理研究を共同で行っている麻布大学・藤井洋子先生，齋藤弥代子先生，圓尾拓也先生，日本大学・上地正実先生，中山智宏先生，アニマルクリニックこばやし・奥野征一先生に感謝申し上げます．また，講演や研究会でお会いした多くの小動物臨床の先生方より貴重なご意見，ご質問を頂きました．その際の有意義なディスカッションが本書を書き上げる大きな原動力となりました．この場を借りてお礼申し上げます．

2010年9月

麻布大学 獣医学部 生理学第二研究室
折戸謙介

獣医臨床薬理学 Contents

- まえがき ……… 3
- くすりのよもやま話① ……… 8

■ 獣医臨床薬理学　総論 ……… 9

chapter 1
臨床薬理学とは ……… 10

- はじめに ……… 10
- 1．獣医臨床における薬理学／薬効評価 ……… 10
- 2．薬物動態学 ……… 10
  - 1）吸収 ……… 11
    - 静脈内投与 ……… 11
    - 経口投与 ……… 11
    - 筋肉内投与 ……… 11
    - 皮下投与 ……… 11
    - 食事が薬物吸収に及ぼす影響 ……… 11
    - 投与時刻が薬物動態に及ぼす影響 ……… 12
  - 2）分布 ……… 13
    - 組織血流量 ……… 13
    - 薬物の大きさ（分子量） ……… 13
    - 薬物の脂溶性 ……… 14
    - 血漿中蛋白結合率 ……… 14
    - ジゴキシン ……… 15
    - 犬種が薬物の分布に及ぼす影響 ……… 15
  - 3）代謝 ……… 16
    - プロドラッグ ……… 17
  - 4）排泄 ……… 17
    - 錠剤・カプセル剤の粉砕 ……… 19
- おわりに ……… 19
- 参考文献 ……… 19
- くすりのよもやま話② ……… 20

■ 獣医臨床薬理学　各論 ……… 21

chapter 2
抗菌薬の基本事項 ……… 22

- 抗生物質とは？ ……… 22
- 細菌の細胞壁 ……… 22
- βラクタム系抗生物質 ……… 24
  - [特徴・作用機序] ……… 24
  - [副作用] ……… 24
  - [薬物] ……… 25
    - ペニシリン ……… 25
    - アンピシリン・アモキシシリン
      （アミノベンジルペニシリン系） ……… 25
    - セファロスポリン系 ……… 25
    - モノバクタム系 ……… 26
    - カルバペネム系 ……… 26
- アミノグリコシド系 ……… 26
  - [特徴・作用機序] ……… 26
  - [副作用] ……… 27
  - [薬物] ……… 27
    - ゲンタマイシン／トブラマイシン ……… 27
    - アミカシン ……… 27
- テトラサイクリン系 ……… 27
  - [特徴・作用機序] ……… 27
  - [副作用] ……… 27
  - [薬物] ……… 28
    - テトラサイクリン／オキシテトラサイクリン ……… 28
    - ドキシサイクリン ……… 28
- クロラムフェニコール系 ……… 28
  - [特徴・作用機序] ……… 28
  - [副作用] ……… 29
- マクロライド系 ……… 29
  - [特徴・作用機序] ……… 29
  - [薬物] ……… 29

エリスロマイシン／タイロシン ‥‥‥ 29
リンコマイシン系 ‥‥‥‥‥‥‥‥‥‥ 29
　　［特徴・作用機序］ ‥‥‥‥‥‥‥ 29
　　［副作用］ ‥‥‥‥‥‥‥‥‥‥‥ 30
キノロン系 ‥‥‥‥‥‥‥‥‥‥‥‥‥ 30
　　［特徴・作用機序］ ‥‥‥‥‥‥‥ 30
　　［薬物］ ‥‥‥‥‥‥‥‥‥‥‥‥ 30
　　　エンロフロキサシン ‥‥‥‥‥‥ 30
　　［副作用］ ‥‥‥‥‥‥‥‥‥‥‥ 31
スルホンアミド(サルファ剤) ‥‥‥‥‥ 31
　　［特徴・作用機序］ ‥‥‥‥‥‥‥ 31
　　［薬物］ ‥‥‥‥‥‥‥‥‥‥‥‥ 31
　　　スルファジアジン／トリメトプリ
　　　ム合剤 ‥‥‥‥‥‥‥‥‥‥‥‥ 31
　　　スルファジメトキシン ‥‥‥‥‥ 31
　　［副作用］ ‥‥‥‥‥‥‥‥‥‥‥ 31
ポリミキシンB ‥‥‥‥‥‥‥‥‥‥‥ 32
　　［特徴・作用機序］ ‥‥‥‥‥‥‥ 32
バンコマイシン ‥‥‥‥‥‥‥‥‥‥‥ 32
　　［特徴・作用機序］ ‥‥‥‥‥‥‥ 32
抗生物質投与後効果(Post
antibiotic effect；PAE) ‥‥‥‥‥‥ 33
参考文献 ‥‥‥‥‥‥‥‥‥‥‥‥‥‥ 33

chapter 3
ステロイド剤の作用と副作用 ‥‥‥ 34

はじめに ‥‥‥‥‥‥‥‥‥‥‥‥‥‥ 34
糖質コルチコイドの分泌・抑制機構 ‥‥ 34
糖質コルチコイドの生理作用とその
　　メカニズム ‥‥‥‥‥‥‥‥‥‥‥ 35
　　(A)炭水化物・蛋白質・脂質代謝
　　　に対する作用 ‥‥‥‥‥‥‥‥‥ 35
　　(B)抗炎症作用 ‥‥‥‥‥‥‥‥‥ 35
　　(C)血液リンパシステムに対する作用 ‥‥ 36
　　(D)循環器系に対する作用 ‥‥‥‥ 36
　　(E)中枢神経に対する作用 ‥‥‥‥ 36
合成ステロイドの種類 ‥‥‥‥‥‥‥‥ 36
　　(A)合成ステロイド ‥‥‥‥‥‥‥ 36
　　(B)エステル結合させた合成ステ
　　　ロイド ‥‥‥‥‥‥‥‥‥‥‥‥ 36
　　(C)剤形 ‥‥‥‥‥‥‥‥‥‥‥‥ 38
合成ステロイドの臨床応用 ‥‥‥‥‥‥ 39

　　(A)皮膚疾患 ‥‥‥‥‥‥‥‥‥‥ 39
　　(B)中枢神経疾患 ‥‥‥‥‥‥‥‥ 39
　　(C)気道疾患 ‥‥‥‥‥‥‥‥‥‥ 39
　　(D)ショック ‥‥‥‥‥‥‥‥‥‥ 39
　　(E)癌 ‥‥‥‥‥‥‥‥‥‥‥‥‥ 39
　　(F)眼疾患 ‥‥‥‥‥‥‥‥‥‥‥ 39
合成ステロイドの副作用 ‥‥‥‥‥‥‥ 40
　　(A)心血管系 ‥‥‥‥‥‥‥‥‥‥ 40
　　(B)糖尿病 ‥‥‥‥‥‥‥‥‥‥‥ 40
　　(C)骨格筋系 ‥‥‥‥‥‥‥‥‥‥ 40
　　(D)皮膚 ‥‥‥‥‥‥‥‥‥‥‥‥ 40
　　(E)肝障害 ‥‥‥‥‥‥‥‥‥‥‥ 40
　　(F)薬物相互作用 ‥‥‥‥‥‥‥‥ 40
　　(G)リバウンド ‥‥‥‥‥‥‥‥‥ 41
糖質コルチコイドの日内変動 ‥‥‥‥‥ 41
まとめ ‥‥‥‥‥‥‥‥‥‥‥‥‥‥‥ 43
参考文献 ‥‥‥‥‥‥‥‥‥‥‥‥‥‥ 43
くすりのよもやま話③ ‥‥‥‥‥‥‥‥ 45

chapter 4
非ステロイド性抗炎症薬
(NSAIDs)の作用と副作用 ‥‥‥ 46

はじめに ‥‥‥‥‥‥‥‥‥‥‥‥‥‥ 46
NSAIDsの起源 ‥‥‥‥‥‥‥‥‥‥‥ 46
NSAIDsの薬効メカニズム ‥‥‥‥‥‥ 46
　　抗炎症作用 ‥‥‥‥‥‥‥‥‥‥‥ 46
　　合成ステロイドとNSAIDs ‥‥‥‥ 46
　　NSAIDsの解熱作用 ‥‥‥‥‥‥‥ 47
　　鎮痛作用 ‥‥‥‥‥‥‥‥‥‥‥‥ 47
COX-1とCOX-2 ‥‥‥‥‥‥‥‥‥‥ 47
NSAIDsのCOX-1/COX-2選択性 ‥‥‥ 49
消化器におけるCOXの役割 ‥‥‥‥‥‥ 50
腎臓におけるCOXの役割 ‥‥‥‥‥‥‥ 51
腎臓に対するNSAIDsの副作用の可能性 ‥‥ 51
NSAIDsの抗腫瘍作用 ‥‥‥‥‥‥‥‥ 51
各NSAIDsの特徴 ‥‥‥‥‥‥‥‥‥‥ 52
　　アスピリン(アセチルサリチル酸) ‥‥ 52
　　　［イヌ］ ‥‥‥‥‥‥‥‥‥‥‥ 52
　　　［ネコ］ ‥‥‥‥‥‥‥‥‥‥‥ 52
　　エトドラク(オステラック®,
　　　ハイペン®) ‥‥‥‥‥‥‥‥‥‥ 52
　　　［イヌ］ ‥‥‥‥‥‥‥‥‥‥‥ 52

カルプロフェン(リマダイル®) ……… 53
　　　[イヌ] ……… 53
　　　[ネコ] ……… 53
　ケトプロフェン(ケトフェン®) ……… 53
　　　[イヌ] ……… 53
　　　[ネコ] ……… 53
　メロキシカム(メタカム®) ……… 54
　　　[イヌ] ……… 54
　　　[ネコ] ……… 54
　ピロキシカム(バキソ®) ……… 54
　　　[イヌ] ……… 54
　　　[ネコ] ……… 54
　フィロコキシブ(プレビコックス®) ……… 54
　　　[イヌ] ……… 54
おわりに ……… 55
参考文献 ……… 55
くすりのよもやま話④ ……… 57

chapter 5
循環器薬の作用機序とその選択　58

はじめに ……… 58
心不全の病態生理 ……… 58
心疾患治療薬の作用機序と獣医療に
　おけるエビデンス ……… 60
レニン-アンジオテンシン系阻害薬 ……… 61
　全身循環と組織レニン-アンジオ
　　テンシン系 ……… 61
　ACE阻害薬 ……… 63
　AT₁受容体拮抗薬 ……… 63
　βブロッカー ……… 64
　強心薬 ……… 66
　　ミルリノン ……… 66
　　ピモベンダン ……… 66
おわりに ……… 68
参考文献 ……… 68
くすりのよもやま話⑤ ……… 69

chapter 6
抗てんかん薬　70

てんかんとは ……… 70
てんかんの分類 ……… 70
　1．全般性発作 ……… 70

　2．焦点発作 ……… 71
てんかんの予後 ……… 71
薬理学からみたてんかんの病態生理学 ……… 72
治療薬 ……… 73
　フェノバルビタール ……… 74
　　[作用機序] ……… 75
　　[注意すべき点／副作用] ……… 75
　　　代謝酵素誘導作用 ……… 75
　　　尿pH変動による尿中排泄量
　　　　の変動 ……… 75
　　　副作用 ……… 75
　ゾニサミド ……… 75
　　[作用機序] ……… 76
　　[注意すべき点／副作用] ……… 76
　　　フェノバルビタールとの薬物
　　　　相互作用とその対処 ……… 76
　　　副作用 ……… 76
　臭化物 ……… 76
　　[作用機序] ……… 77
　　[注意すべき点／副作用] ……… 77
　　　血中濃度を薬効濃度まで引き上
　　　　げる方法 ……… 77
　　　副作用 ……… 78
　　　食物-薬物相互作用の可能性：
　　　　塩分摂取の影響 ……… 78
　ベンゾジアゼピン系薬物(ジアゼ
　　パム) ……… 79
　　[作用機序] ……… 80
　　[注意すべき点／副作用] ……… 80
おわりに ……… 80
参考文献 ……… 80
くすりのよもやま話⑥ ……… 81

chapter 7
抗がん剤の薬理作用と
獣医臨床でのエビデンス　82

はじめに ……… 82
腫瘍細胞とその増殖の概念 ……… 82
抗がん剤治療の概念-対数(ログ)殺傷 ……… 82
抗がん剤治療の概念-腫瘍細胞数と
　時間の関係 ……… 84
　1) 無処置の場合 ……… 84

- 2）外科手術と抗がん剤治療の併用 ……… 84
- 3）抗がん剤による薬物治療 ……… 84
- 4）対症的治療 ……… 85
- ゴルディーコールドマン仮説 ……… 85
- 抗がん剤 ……… 85
  - ビンカアルカロイド： ……… 86
    - ビンブラスチン，ビンクリスチン ……… 86
      - [作用機序] ……… 86
      - [薬物動態] ……… 86
      - [副作用] ……… 86
  - 代謝拮抗剤： ……… 86
    - メトトレキサート ……… 86
      - [作用機序] ……… 86
      - [薬物動態] ……… 87
      - [副作用] ……… 87
    - 5－フルオロウラシル ……… 87
      - [作用機序] ……… 87
      - [薬物動態] ……… 87
      - [副作用] ……… 87
      - [臨床効果] ……… 88
  - アルキル化薬： ……… 88
    - シクロフォスファミド ……… 88
      - [作用機序] ……… 88
      - [薬物動態] ……… 89
      - [副作用] ……… 89
      - [臨床効果] ……… 89
    - ロムスチン（CCNU） ……… 89
      - [作用機序] ……… 89
      - [薬物動態] ……… 89
      - [副作用] ……… 89
      - [臨床効果] ……… 89
  - グルココルチコイド： ……… 90
    - プレドニゾン，プレドニゾロン ……… 90
      - [作用機序] ……… 90
      - [薬物動態] ……… 90
      - [副作用] ……… 90
      - [臨床効果] ……… 90
  - シクロフォスファミド，ビンクリスチン，プレドニゾン（COP）による多剤併用療法 ……… 90
  - 非ステロイド性抗炎症薬： ……… 90
    - ピロキシカム ……… 90
      - [作用機序] ……… 90
      - [薬物動態] ……… 90
      - [副作用] ……… 90
      - [臨床効果] ……… 90
  - 抗生物質： ……… 90
    - ドキソルビシン ……… 90
      - [薬理作用] ……… 90
      - [薬物動態] ……… 91
      - [副作用] ……… 91
      - [臨床効果] ……… 91
  - 白金配位複合体： ……… 92
    - シスプラチン ……… 92
      - [薬理作用] ……… 92
      - [薬物動態] ……… 92
      - [副作用] ……… 92
      - [臨床効果] ……… 92
    - カルボプラチン ……… 93
      - [薬理作用] ……… 93
      - [薬物動態] ……… 93
      - [副作用] ……… 93
      - [臨床効果] ……… 93
  - L－アスパラギナーゼ ……… 94
    - [薬理作用] ……… 94
    - [薬物動態] ……… 95
    - [副作用] ……… 95
    - [臨床効果] ……… 95
  - 分子標的薬：イマチニブ ……… 95
    - [薬理作用] ……… 95
    - [臨床効果] ……… 95
- 薬剤耐性 ……… 96
- おわりに ……… 96
- 参考文献 ……… 96
- くすりのよもやま話⑦ ……… 98
- 掲載薬用量一覧 ……… 99～103
- くすりのよもやま話⑧ ……… 103
- Index ……… 104～110

Tea break くすりのよもやま話 ①

薬物の開発から上市まで

　医薬品開発のためには，薬物候補化合物の安全性を実験動物で確認した後，症例を用いた治療の臨床試験（治験）で効果・安全性を確かめる必要がある。薬物の開発審査は，国の機関あるいはそれに準ずる機関が担当しており，動物用医薬品は農林水産省 動物医薬品検査所（http://www.maff.go.jp/nval/），ヒト用医薬品は独立行政法人 医薬品医療機器総合機構（http://www.pmda.go.jp/）で行われている。

　ヒトの治験は以下のような段階で行われている。

　　（1）第Ⅰ相試験：健常人に候補化合物を投与し，副作用の可能性と投与許容量を調べる。
　　（2）第Ⅱ相試験：少数の患者にて有効性と安全性を調査する。
　　（3）第Ⅲ相試験：多数の患者に投与しその有効性と安全性を調査する。

　すべての試験において効果と副作用の面で精査され，有用性が認められれば薬物として上市される。製薬会社がつくり出す化合物のほとんどが，効果がなかったり，毒性が強かったりするため，動物実験やその前の段階でドロップアウトする。第Ⅰ相試験や第Ⅱ相試験でドロップアウトする薬物候補化合物も少なくないため，第Ⅲ相試験で有用性が確認できるところまで達する薬物候補化合物は，数百から数十万のうち1個といわれている。しかし，これで終わりではない。上市後にも有害作用や副作用を検出する目的で"製造販売後臨床試験"が行われ，場合によっては販売許可が取り消されることもある。これは，上市されている薬物でも効果や安全性が完全に保証されていないことを意味する。実際に，脳梗塞後遺症に伴う情緒障害改善薬アニラセタムは，1993年に厚生省（当時）の承認を受け発売され，一時期200億円／年以上の売り上げであったが，2000年に「効果が検証できない」，とのことで販売中止となった（朝日新聞2000年10月13日朝刊）。長期間広く使用されていながらも，薬効が確認できない薬物もあるということである。

メカニズムから理解する獣医臨床薬理学

総論

chapter 1
臨床薬理学とは

はじめに
1. 獣医臨床における薬理学／薬効評価
2. 薬物動態学
    1) 吸収
    2) 分布
    3) 代謝
    4) 排泄

おわりに

参考文献

臨床薬理学とは

● はじめに

臨床薬理学とは，薬物の作用と動態を研究し，合理的薬物治療－科学的に裏付けられた薬物治療－を確立するための実践的な科学である[1]。これにより，薬物の有効性と安全性を最大限に高め，個々の症例に最良の治療を提供できることを目指している[2]。薬物治療の中心に位置しているのが臨床薬理学であり，①獣医臨床における薬理学／薬効評価および②薬物動態学が大きな柱となる。

● 1．獣医臨床における薬理学／薬効評価

一般に薬理学では，試験管や細胞などを用いた試験（in vitro試験）や，ラットやマウス，ときにはイヌを用いた試験（in vivo試験）にて薬効評価を行う。これらの前臨床薬理試験で見出した成果が臨床での薬効を予測できる場合もある。しかし，前臨床では健常な動物を基に実験を行っているため，高齢であったり肝障害，腎障害を有する症例では，前臨床薬理試験の結果がそのまま反映されない場合が少なくない。このため獣医臨床における薬理学研究の成果は，薬物療法に重要な情報を与えることになる。

薬効評価研究は，多数の症例に投与し薬物の有効性と安全性を評価する。例えば，強心作用と血管拡張作用を有するピモベンダンは，徴候を有する僧帽弁閉鎖不全症のイヌに長期投与することで，心不全悪化抑制効果があることが証明されている（chapter 5参照）。このような治験により得られたエビデンスは，臨床現場で薬物治療を展開する際の大きな指標となる。

● 2．薬物動態学

どんなに素晴らしい化合物でも，標的臓器に達しなければ効果を発揮することはできない。動物は有害物質の侵入に対し，解毒する術（代謝・排泄能）を有している。薬物も異物であるため，薬効を期待して投与されたとしても，分解・排泄されてしまう可能性がある。薬物動態学は，経口，経皮，静脈内投与などにより体内に入った薬物の体液中濃度の時間的推移を解析することで，化合物の有効性や体内での分布の特徴を明らかにする学問である。薬物動態を詳細に解析することで，症例の作用部位での薬物濃度の推測が可能となり，投与量や投与間隔を決定するための重要な情報を得ることになる。また，薬物相互作用を予測するための情報も含まれている。

一般に薬物が体内に入ると，吸収（absorption）され，全身に分布（distribution）する。そして，肝を代表とする臓器で代謝（metabolism）され，腎や消化管より排泄（excretion）される。これらの頭文字をとり，薬物動態はADME（アドメ）と略される。薬物－薬物，あるいは薬物－食物相互作用や副作用を予測するためにも，薬物動態解析は大変重要である。以下にADMEについて，

各過程において影響を及ぼす事象とともに解説する。

1）吸収

静脈内投与

静脈内投与では，薬物は吸収過程をバイパスして直接全身循環に入る。したがって，救急時や麻酔導入など，早く血中濃度を上昇させたい場合に用いる投与方法である。また，嘔吐症例や，嚥下が未熟な幼若症例，昏睡下の症例など，経口投与ができない場合に用いられることもある。一般に静脈投与用薬物は水溶性で，pHが生理範囲内の等張液に調整されており，油性のものや懸濁状のものは少ない。無菌で発痛物質の混入がないことが必須であるため，製造過程も特殊なものが要求される。

このほかの投与方法では吸収される必要があり，その過程・特徴は投与方法により異なる。

経口投与

経口投与された薬物は，まず胃内の強酸性下に曝される。そこで分解されたりイオン型への変化が生じたりする場合がある。胃を通過した薬物は，消化管から吸収された後，門脈から肝臓に入り，その後心臓から全身循環に入る。消化管や肝臓には薬物代謝酵素があるため代謝を受ける。経口投与された薬物が全身循環に入る前に吸収や分解，排泄を受けることを<u>初回通過効果</u>という。この効果を受ける薬物は作用発現に時間がかかり，多くの薬用量を必要とする。一方で脂溶性がきわめて高いビタミンEなどは，胆汁酸とミセルを形成し，リンパ系に入る。乳糜管を経て直接大動脈に入るため初回通過の代謝を受けない。そのため生体利用率（経口投与された薬物が血液循環に入る確率）は比較的高い[3]。

筋肉内投与

血中濃度を長期間維持したい場合や，静脈内投与できない親油性の薬物を投与する場合に用いられる。合成ステロイドにも脂溶性製剤がある。これを筋肉内投与すると，血中濃度が10日以上も持続する（chapter 3 参照）。針刺入による障害を防ぐため，血管や神経の解剖学的位置に注意しながら投与する必要がある。

皮下投与

簡便な投与方法であり，少用量薬物の場合は一般的に筋肉内投与より痛みが少ない。健常例では，投与部位の近くの筋肉内投与と同程度に吸収されるが，局所循環が変化している場合（保温や運動，脱水，水分補給時）は，吸収率が変化する可能性がある。

その他の投与方法を含め，特徴を表1に示す。

> **note 食事が薬物吸収に及ぼす影響**
>
> 多くの薬物は，消化管の内容物と結合し，その結果吸収が阻害されたり遅延したりする。脂溶性の高い薬物を脂肪に溶かして投与したり脂肪含有量の高い食事とともに与えたりすると，胆汁酸とミセルを形成し，リンパ吸収されやすくなる。経口投与の項で説明したように，リンパ系に入った薬物は肝臓を通過せずに全身循環に入るため，初回通過の代謝を受けない。そのため，生体利用率が高くなる[3]。食事が吸収に影響を与える薬物を表2に示す。
>
> イヌ・ネコは毎日同じフードを食べるため，ヒトでは予測できない食物－薬物相互作用を引き起こす可能性がある。臭化カリウムは，体内で臭素イオンとなり，抗てんかん作用を発揮する。臭素イオンは糸球体でろ過されるが，ナトリウムイオンや塩素イオンの摂取量が多いと腎臓における再吸収が阻害され，結果的に血中濃度が低下してしまう。実際に，臭化カリウムを投与されているてんかん症例犬において，フードを塩分が高濃度に含まれているものに変更したため，臭素イオンの血中濃度が低下し，てんかんを再発したとの報告もある[5]（詳細はchapter 6 参照）。

表1 薬物の投与経路とその特徴（文献4より引用改変）

投与経路	長所	短所
静脈内投与	・血中濃度上昇が速やかである ・初回通過効果を受けない ・生物学的利用能が高い ・強酸性下の胃を通過する必要がない	・痛みを伴う ・感染のリスクを伴う ・家庭での投与が難しい
経口投与	・簡便 ・痛みを伴わない ・感染のリスクが少ない	・初回通過効果を受ける ・強酸性下の胃を通過する必要がある ・消化管からの吸収が必要であるため，血中濃度上昇は一般に緩やかである
皮下投与	・血管の少ない脂肪組織に取り込まれるため，血中濃度の立ち上がりがゆっくり	・刺激性のある薬物は投与不可 ・家庭での投与が難しい
経皮投与	・簡便 ・痛みを伴わない ・長時間作用 ・初回通過効果を受けない ・強酸性下の胃を通過する必要がない	・脂溶性の高い薬物のみで可能 ・皮膚刺激や炎症を惹起する可能性がある
筋肉内投与	・油に溶けやすい薬物が投与可能	・生化学的検査値（クレアチニンキナーゼ）に影響を与える可能性がある ・筋肉内出血の可能性がある ・痛みを伴う ・家庭での投与が難しい
舌下投与	・初回通過効果を受けない	
経直腸投与（坐薬）	・初回通過効果を受けない ・経口投与できない症例（幼若，嘔吐など）でも使用できる	・粘膜刺激性を有する薬物は投与不可

　胃内の強酸性下では溶けにくく，中性付近で溶けるように設計された腸溶性の徐放剤がある。大量の牛乳を摂取すると，胃酸が中和され中性付近までpHが上昇するため，このような徐放剤は胃で溶けてしまう。また，ヒトではコーラなどの炭酸飲料は制酸剤の効果を減弱させてしまうことも指摘されている。

note 投与時刻が薬物動態に及ぼす影響

　第1世代のセファロスポリンであるセファレキシンは，午前10時に投与する方が，午後10時に投与するより最大血中濃度が高く，半減期が短くなることが報告されている（図1）。しかし，その変化量は大きくなく，薬効の指標である薬物濃度−時間曲線下面積（AUC）は，変わらない。薬効自体には影響を及ぼさないため，投与時刻に配慮する必要はないと考えられる[7]。プロトン共輸送型ペプチドトランスポーターであるPEPT1は小腸上皮細胞の刷子縁膜に発現しており，セファレキシンをはじめとするβラクタム系抗生物質やある種の抗がん剤，抗ウイルス剤など多くの薬物の消化管吸収に関与している。このPEPT1には日内変動があり，活動期に活性が高い。また食事により活性化する。セファレキシンには大きな影響を及ぼさなかったが，日内変動のある経路で吸収される薬物は，投与時刻にも気を付ける必要があるかもしれない。

表2　食物摂取が薬物の吸収に影響を与える例[6]

吸収低下	アンピシリン
	エリスロマイシン(フィルムコート剤)
	リンコマイシン
	リファンピン
	スルファフラゾール
	テトラサイクリン
	テオフィリン
吸収遅延	セファクロル
	セファレキシン
	シメチジン
	ジゴキシン
	メトロニダゾール
吸収促進	ジアゼパム
	エリスロマイシン
	グリセオフルビン(油性)
	イミダゾール
	メトプロロール
	プロプラノロール

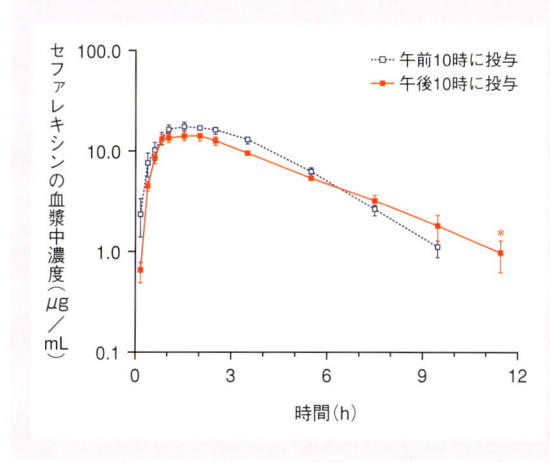

図1　イヌにおいて投与時刻がセファレキシンの薬物動態に及ぼす影響[7]
セファレキシン(25mg/kg)を午前10時に投与すると、午後10時に投与した場合にくらべ最大血漿中濃度が高く、半減期が短くなった。しかし、薬効は投与時刻により変化しなかった

2）分布

吸収された薬物は全身へ分布するが、その様態は以下の因子により影響を受ける。

組織血流量

表3に示すように、心臓から拍出される血液の組織分布は一様ではない。血液の3/4は体重の1/10以下の組織に分布している(表3)。組織への拡散に特別なバリアがない状態では、組織-血液の薬物濃度が平衡に達するまでの時間は、血流量が多いほど早く、少ないほど遅いと考えられる。すなわち、単位時間当たりの血流量によりその組織の薬物分布は影響を受ける。副腎や腎臓、甲状腺は、組織重量当たりの血流量が多い(表3)。これは、多くの薬物がこれらの臓器に分布しやすいことの一因と考えられる。

薬物の大きさ(分子量)

薬物が血管外に透過するためには、毛細血管の間隙を通過する必要がある。一般に肝臓の洞様毛細血管を構成している毛細血管内皮細胞は

表3 ヒトの各組織における血流量[8]

臓器	体重に対する組織重量の割合(%)	心拍出量に対する組織供給血液量の割合(%)	単位組織当たりの血流量(mL/100g/min)
副腎	0.02	1	550
腎臓	0.4	24	450
甲状腺	0.04	2	400
肝臓	2	5	20
門脈系		20	75
心臓	0.4	4	70
脳	2	15	55
皮膚	7	5	5
筋肉	40	15	3
結合組織	7	1	1
脂肪	15	2	1

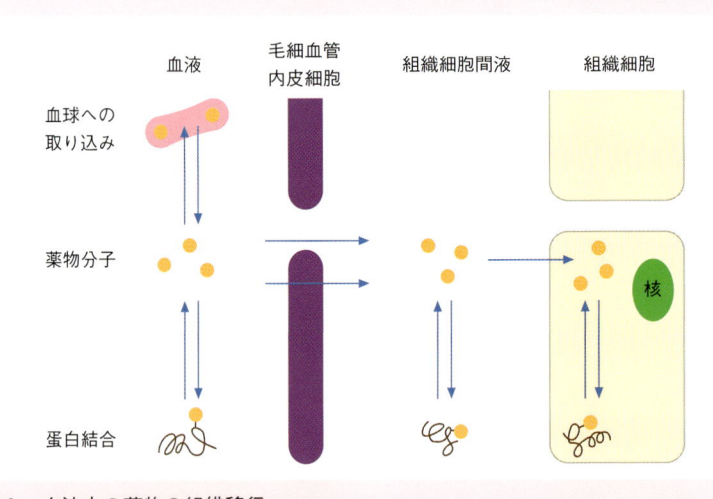

図2 血液中の薬物の組織移行
血中では，薬物は赤血球に取り込まれたり，蛋白質と結合している（結合型薬物）。このときは，毛細血管の細胞間隙あるいは毛細血管を透過して間質に移行するのは困難である。遊離型（非結合型）の薬物が間質に移行しても蛋白結合すると，標的組織に移行できない。ここでも非結合型薬物のみが移行し，細胞内移行や受容体結合を通じて薬理作用を発揮する

細胞間隙が広く，筋肉のそれは狭い。薬物の大きさ（分子量）と各組織の血管内皮細胞の間隙の広さは，薬物分布に影響を与えるひとつの要因となっている[9]。

薬物の脂溶性

細胞膜は脂質二重層と呼ばれる構造をしており，本質的には脂質膜である。したがって，脂溶性・非解離型（分子型）薬物は，膜を通過しやすい。一方，水溶性・解離型（イオン型）薬物は膜を通過しにくい。

血漿中蛋白結合率

薬物は，血漿中蛋白であるアルブミン（分子量：約65,000）やα1酸性糖蛋白（分子量：約44,000）と結合する。前者は，ほとんどすべての薬物と結合するが，酸性薬物との結合性が高い。一方，後者は塩基性薬物との結合性が高い。これ

臨床薬理学とは

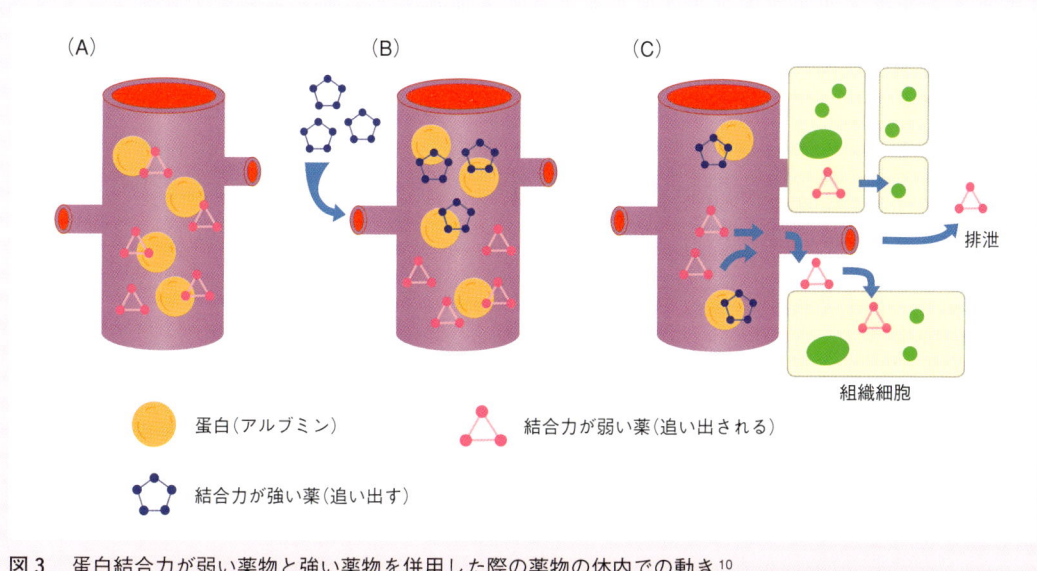

図3 蛋白結合力が弱い薬物と強い薬物を併用した際の薬物の体内での動き[10]
薬物を投与すると、血中で蛋白結合が生じる（A）。蛋白結合力の強い薬物を投与すると、結合力の弱い薬物が遊離型となる（B）。遊離型となった薬物は、排泄されたり全身に拡散したりするため（C）、その血中濃度は高くなることはない。したがって、蛋白結合率の高い薬物を併用しても結合力の弱い薬物の効果が強く現れることはない（ただし、別のメカニズムで薬物相互作用を惹起する可能性は否定できない）。

凡例：
- 蛋白（アルブミン）
- 結合力が強い薬（追い出す）
- 結合力が弱い薬（追い出される）

らの蛋白と薬物が結合したものは、細胞間隙を通過することができない（図2）。蛋白結合は可逆的であるため、同じ結合部位に蛋白結合する薬物同士を併用すると、より親和力の高い薬物の方に蛋白は結合する。この結果、親和力の低い薬物の多くが遊離型となり、その血中濃度が一時的に上昇する。しかし、この遊離型薬物は排泄されたり、大きな組織に拡散するため、効果が強く現れることはない（図3）。ワルファリンとNSAIDs（イブプロフェンなど）を併用すると、ワルファリンの作用が増強することが知られている。ワルファリンは蛋白結合率が高く、NSAIDsは蛋白結合力が強い。このため、血中の蛋白がNSAIDsに結合し、遊離型のワルファリンが増えるのが作用増強のメカニズムと考えられていた。しかし現在では、NSAIDsによるトロンボキサンA_2阻害が原因であると考えられている[10]。

note ジゴキシン

ジゴキシンは脂肪への分布は少なく、心不全時にしばしば認められる腹水にも分布しない[11]。ジゴキシンは安全用量域が狭いため、肥満あるいは腹水症例では、体重当たりの用量で投与すると、用量過剰となり副作用出現の可能性が高くなる。したがって、用量設定の際には除脂肪体重を用いることが推奨されている[12]。

note 犬種が薬物の分布に及ぼす影響

薬物動態に関する研究は、主にビーグルや雑種犬を用いて行われている。したがって、薬物動態の犬種差については、あまり情報がないのが現状である。グレーハウンドにチオペンタールを投与すると、雑種犬と比較して血中濃度が高く推移する[13]（図4A）。また、プロポフォールでも同様に血中濃度が高く推移し、麻酔からの覚醒までの時間も延長する[14]（図4B）。グレーハウンドは体脂肪が少ないため、薬物の脂肪への分布が少ないことや、代謝系の違いが原因と考えられている。また、

15

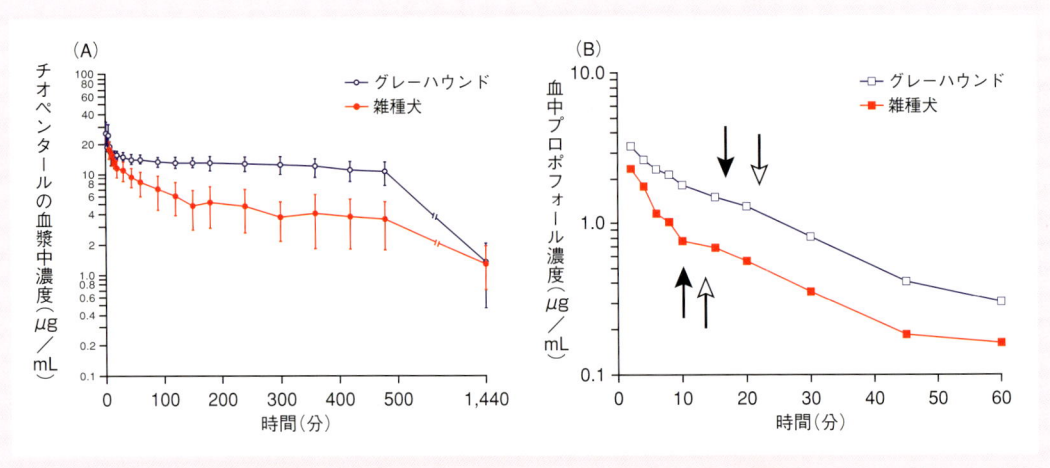

図4 チオペンタール(15mg/kg, A)およびプロポフォール(約5 mg/kg, B)を雑種犬, グレーハウンドに投与したときの体内濃度推移[13, 14]
両薬物とも, グレーハウンドの方が血中濃度が高く推移した。(B)の黒矢印は, 正向反射が回復した時間で, 白抜き矢印は, 介助なしで立つことのできるまで回復した時間である

表4 代謝酵素に影響を与える可能性のある薬物[6]

酵素誘導	酵素阻害
グリセオフルビン	クロラムフェニコール
フェノバルビタールを含むバルビツール誘導体	シメチジン
フェニルブタゾン	フッ化キノリノン
フェニトイン	ケトコナゾール
リファンピン	フェニルブタゾン
	プレドニゾロン
	キニジン
	テオフィリン

このような性質は, サルーキやボルゾイなどのsighthound全体にあるとされている[15]。

3) 代謝

吸収された薬物は, 肝臓や消化管, 腎臓, 肺, 皮膚などで酵素反応により代謝される。中でも肝臓は, 多様で多くの代謝酵素を含むため, 薬物代謝の主要臓器といえる。代謝で置換基を修飾することにより, 薬物を不活化したり水溶性を高めたりする。脂溶性が高い薬物は, 腎臓から排泄されにくい。そのため, 代謝により水溶化されると尿に溶けやすくなり, 結果として排泄されやすくなる。

代謝には第Ⅰ相と第Ⅱ相がある。薬物を酸化, 還元あるいは加水分解することにより化学構造を変化させる反応を第Ⅰ相代謝という。また, 第Ⅱ相代謝には, グルクロン酸抱合やアセチル化, グリシン抱合, 硫酸抱合などがある。ネコはグルクロン酸抱合能がなく, イヌはアセチル化能を欠く。

第Ⅰ相代謝の大部分は, チトクロームP450(CYP)による酸化作用である。CYPにはアイソザイムが多くあり, CYPと[数字][アルファベット][数字]の3桁で表している。例えば, CYP3A4やCYP2D6は, ヒトにおいて薬物代謝を担っている代表的なCYPのアイソザイムであ

表5 腸肝循環に移行する薬物[17]

薬物	特徴
ジアゼパム	活性代謝物（N-desmethyldiazepam, oxazepam）が移行。
テトラサイクリン系	繰り返し胆汁排泄されることが，細菌性胆管炎に有効である一因。
アトバコン	
レフルノミド	活性代謝物（M1）が移行（半減期：＞7日）。
NSAIDs	腸肝循環により薬物が何度も腸管に曝露されるため，潰瘍などの副作用が起きやすい（ヒトでは，腸肝循環に移行しないnabumetoneは腸管への副作用が弱い）。
メトトレキサート	
ウルソデオキシコール酸	経口投与後吸収され，タウリンあるいはグリシンとコンジュゲートを形成し，胆汁中に排泄される。

る。

アイソザイムは，動物種により異なる。そのため代謝する薬物も異なる。例えば，手術前投与薬として用いられるミダゾラムは，ヒトの場合CYP3Aファミリー（CYP3A4）で代謝される。しかし，イヌではCYP3Aファミリー（CYP3A12やCYP3A26）ではなく，CYP2B11やCYP2C21で代謝されることが in vitro 試験にて明らかにされている[16]。ヒトにおける薬物代謝に関与するCYPの情報は多く存在するが，これらをイヌやネコの臨床にそのまま外挿することは，適切ではない可能性がある。

薬物の中には，特定のCYPを誘導するものがある（ここでは仮に"薬物A"とする）。この薬物Aを"特定のCYP"で代謝されるような薬物（"薬物B"とする）と併用すると，薬物Bの代謝は促進されてしまうため，薬物Bの効果が減少する可能性がある。このケースとは反対に特定のCYPを阻害するような薬物は，薬物Bの代謝を阻害してしまうため，効果が増強する可能性がある。例えば，抗てんかん薬のフェノバルビタールは，イヌにおいて薬用量（5 mg/kg PO bid）でCYPの誘導を引き起こす。一方，同じ抗てんかん薬のゾニサミドは，フェノバルビタールによる代謝促進のため血中濃度が十分に上がらないことが明らかになっている（詳細は chapter 6 参照）。この場合，ゾニサミドの投与量を増やすことで十分な併用効果を得ることができる。薬物相互作用の存在を知らないと，ゾニサミドの併用効果がないと判断してしまう。

このように薬物の代謝酵素誘導・阻害特性や代謝経路を知っておくことで，薬物相互作用の可能性を踏まえた薬物治療を行うことができる。表4に代謝酵素に影響を与える可能性のある薬物を挙げる。

> **note プロドラッグ**
>
> アンジオテンシン変換酵素阻害薬（ACE阻害薬）のエナラプリルやベナゼプリルは，肝臓において活性型薬物（それぞれエナラプリラート，ベナゼプリラート）に変換されて効果を発揮する。このように，肝臓などで代謝され，代謝物が薬効を発揮する薬物をプロドラッグという。なお，ACE阻害薬でもカプトプリルやリシノプリルは，それ自身がACE阻害作用を有しているため，プロドラッグではない。

4）排泄

代謝により水溶性が高められた薬物は，糸球体でろ過され尿中に移行する。また，薬物によっては尿細管から分泌されるものもある。尿中の薬物の一部は尿細管から再吸収されるが，残りは尿中に排泄される。糸球体血流量増加や糸球体濾過量増加，血漿蛋白結合率の低下は薬物の尿への移行を増加させるため，結果的に尿排泄

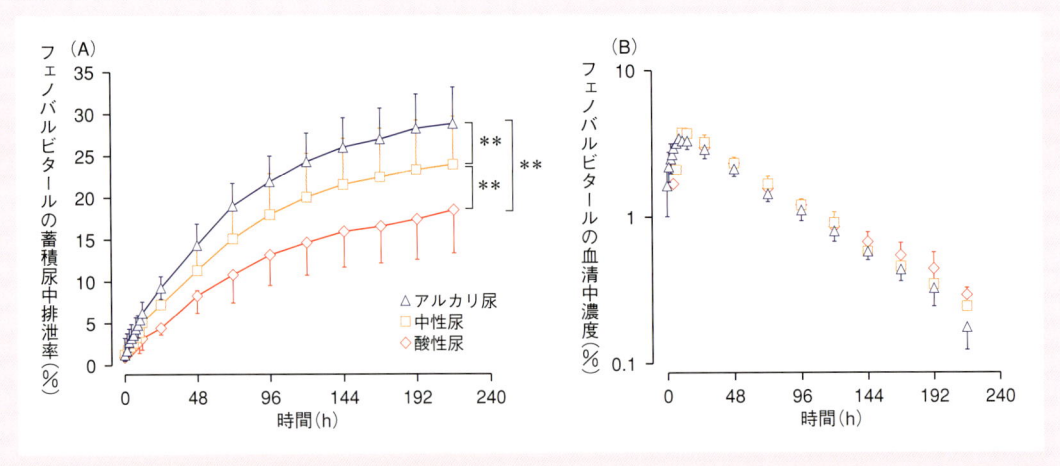

図5 尿のアルカリ化(pH 7.61～8.16)と酸性化(pH 5.89～6.73)時におけるフェノバルビタール(3 mg/kg)単回経口投与後の蓄積尿中排泄量(A)と血清中濃度(B)推移[19]
尿をアルカリ化したときにはフェノバルビタールの尿排泄量は増加し，血清中半減期は短縮した。一方，尿を酸性化したときには，尿排泄量は減少し，血清中半減期は延長した

を促進させる。反対に腎不全では排泄が遅延するため、薬物半減期が延長する場合がある。

ジゴキシンは代謝されずに腎臓より排泄されるため影響を受けやすい。ACE阻害薬と利尿剤を併用している症例のジゴキシンの半減期は9時間であるが、腎不全と推測される症例では48時間以上になる[12]。また一部の薬物は、肝臓から胆汁中に分泌される。この場合、十二指腸から腸管を薬物が通るため再吸収され、全身循環に再び移行する場合がある。このような腸肝循環を起こす薬物は、長時間作用を示し、各薬物により特徴がある（表5）。

非解離型（分子型）の方が、解離型（イオン型）より細胞膜を通過しやすいことは前述したとおりである。尿中薬物の尿細管再吸収も同様である。すなわち、糸球体でろ過された薬物は、非解離型（分子型）の方が尿細管から再吸収されやすい。弱酸性物質は、酸性条件下では非解離型（分子型）となり、アルカリ条件下では解離型（イオン型）となる。したがって、弱酸性物質は尿pHが低いと再吸収されるため、クリアランスは低くなり結果的に消失半減期は長くなる。反対に弱アルカリ性物質は、尿pHが高いときに低クリアランスとなり消失半減期が長くなる。

尿結石の溶解、予防のために市販のフードが食事療法に用いられている。ストルバイト尿石溶解に用いられるHill's Prescription Diet Canine s/d®, moist投与時の尿は酸性(pH 5.9～6.1)であり、シュウ酸カルシウム尿石予防に用いられるHill's Prescription Diet Canine u/d®, moist/dry投与時の尿はアルカリ性(pH 7.1～7.7)である[18]。抗てんかん薬のフェノバルビタールは酸性物質で、pKa = 7.24の弱酸性であるため、尿のpHが低くなると非解離型となり、尿細管から再吸収されやすくなる。反対にpHが高くなると解離型となり、再吸収されにくくなる。著者らは、普通食での尿pHが6.92～7.34のビーグルに、クエン酸カリウムと塩化アンモニウムを混餌投与することで、尿をそれぞれアルカリ性(pH 7.61～8.16)，酸性(pH 5.89～6.73)にしてフェノバルビタールを経口投与した。その結果、蓄積尿中排泄量は尿をアルカリ性にすると増加し、酸性にすると減少した（図5A）。フェノバルビタールの血清中濃度推移には、わずかではあるが影響を及ぼした。すなわち、尿アルカリ化により半減期が短縮し、酸性化により延長した（図5B）[19]。

> **note 錠剤・カプセル剤の粉砕**
>
> 獣医療では，様々な体重の動物を扱う。薬物は通常，体重1kg当たりの量で投与するため，錠剤あるいはカプセル剤をそのまま投与できないケースがある。徐放性錠剤の中には，胃では溶けず腸に入ってゆっくり溶けるように表面がコーティングしてあるものがある。また，カプセル剤の中には，胃溶性および腸溶性の顆粒を定率に充填したものもある。このような錠剤を粉砕したり，カプセルの中身を取り出したりして投与すると，本来の薬効が得られない場合がある。ほかにも苦味が強い，光に対し不安定，高吸湿性などの理由で特殊コーティング，カプセルを使用している薬物もある。ヒト医療における疾病による嚥下障害や嚥下能力のない高齢者や小児に対する処方の情報源として，『薬剤・カプセル剤粉砕ハンドブック』（じほう社）が出版されている。これを参考に粉砕・分解の可否を調べることができる。また，この本で"粉砕不可"とされていても，製造元に問い合わせたところ，"事実上粉砕可"であった薬物もある。したがって，製薬会社へ問い合わせることもひとつの手である。

おわりに

臨床薬理学について概説した。特に薬物動態は，併用薬や食事との相互作用など，臨床で遭遇する可能性がある事象が多いため重点的に解説した。しかし，薬物治療を行う際に必要な薬物相互作用や犬種差，年齢差などの情報は不足しているのが現状である。今後，この分野の臨床報告や前臨床研究からの情報提供が増えていくことを期待したい。

■参考文献
1) 大橋京一，臨床薬理学とは，in 疾患からみた臨床薬理学，大橋京一，藤村昭夫著，2003，じほう．p. 3-5.
2) 日本臨床薬理学会．http://www.jscpt.jp/about/3q_01.html.
3) 加藤隆一，薬の投与部位からの吸収，in 臨床薬物動態学，加藤隆一著，2003，南江堂．p. 5-33.
4) LaMattina, J. and D. Golan, 薬物動態学, in 病態生理に基づく臨床薬理学, G. DE, Editor. 2006, メディカル・サイエンス・インターナショナル. p. 29-45.
5) Shaw, N., et al., High dietary chloride content associated with loss of therapeutic serum bromide concentrations in an epileptic dog. J Am Vet Med Assoc, 1996. 208: 234-6.
6) Boothe, D.M., Factors affecting drug disposition and extrapolation of dosing regimens, in Small animal clinical pharmacology and therapeutics, D.M. Boothe, Editor. 2001, W.B. Saunders company: Philadelphia. p. 18-40.
7) Prados, A.P., et al., Chronopharmacological study of cephalexin in dogs. Chronobiol Int, 2007. 24: 161-70.
8) Butler, T.C., The distribution of drugs, in Fundamentals of drug metabolism and drug disposition, B.N.L. Du, et al., Editors. 1979, Robert E Krieger Publishing Company: New York. p. 44-62.
9) 宮崎勝巳, 薬物の分布, in 臨床薬理学, 日本臨床薬理学会, Editor. 2003, 医学書院：東京. p. 136-141.
10) 木村利美, 図解 よくわかるTDM, 第2版, 2007, じほう．
11) Plumb, D.C., Digoxin, in Plumb's Veterinary drug handbook, P. DC, Editor. 2008, Blackwell Publishing: Iowa. p. 291-294.
12) Boothe, D.M., Theapy of cardiovascular diseases, in Small animal clinical pharmacology and therapeutics, D.M. Boothe, Editor. 2001, W.B. Saunders company: Philadelphia. p. 553-601.
13) Sams, R.A., et al., Comparative pharmacokinetics and anesthetic effects of methohexital, pentobarbital, thiamylal, and thiopental in Greyhound dogs and non-Greyhound, mixed-breed dogs. Am J Vet Res, 1985. 46: 1677-83.
14) Zoran, D.L., et al., Pharmacokinetics of propofol in mixed-breed dogs and greyhounds. Am J Vet Res, 1993. 54: 755-60.
15) Court, M.H., Anesthesia of the sighthound. Clin Tech Small Anim Pract, 1999. 14: 38-43.
16) Locuson, C.W., et al., Evaluation of Escherichia coli membrane preparations of canine CYP1A1, 2B11, 2C21, 2C41, 2D15, 3A12, and 3A26 with coexpressed canine cytochrome P450 reductase. Drug Metab Dispos, 2009. 37: 457-61.
17) Maddison, J.E. and S.W. Page, Small Animal Clinical Pharmacology. 2nd ed, ed. J.E. Maddison, et al. 2008, Edinburgh: Saunders.
18) Osborne, C.A., et al., 犬の尿路結石症, in 小動物の臨床栄養学, M.S. Hand, et al., Editors. 2001, マークモーリス研究所：Kansas. p. 687-783.
19) Fukunaga, K., et al., Effects of urine pH modification on pharmacokinetics of phenobarbital in healthy dogs. J Vet Pharmacol Ther, 2008. 31: 431-6.

くすりのよもやま話 ②

TGN1412事件

　ヒトの薬物開発のプロセスで，第Ⅰ相試験が必要であることをくすりのよもやま話①で述べた。薬物候補化合物の副作用の可能性と投与許容量を健常人で調べる試験であるが，2006年に大事件が発生した。TGN1412は単独でT細胞を活性化する，いわゆる免疫反応・制御系に働くスーパーアゴニスト抗体である。第Ⅰ相試験で健常ボランティア被験者にTGN1412を投与したところ，6人全員が重篤なサイトカインストームを引き起こし，多臓器不全に陥った。集中治療室での治療により全員退院することができたが，ひとりは壊死のため指を失った。

　第Ⅰ相試験を行う前に実験動物での安全性は確認されており，アカゲザルを用いた試験で無毒性量は50mg/kgであった。第Ⅰ相試験での投与量はこの1/500の0.1mg/kgであったため，一般的には用量設定には問題がなかったといえる。しかし，TGN1412はヒトの抗体であり動物実験では予測できない毒性が考えられたことや，投与は持続投与にて行ったが，その時間が動物実験にくらべ著しく短かったのでは，という指摘もある。いずれにせよ，第Ⅰ相試験の安全性そのものに波紋を投ずる事件であったことは間違いない。

■参考資料
1) 特定非営利活動法人医薬ビジランスセンターの記事：http://www.npojip.org/sokuho/tipmar2006.pdf
2) 薬事日報の記事：http://www.yakuji.co.jp/entry5237.html
3) Gardner K. et al., Cytokine Storm and an Anti-CD28 Monoclonal Antibody. N Engl J Med 355, 2591-2594, 2006.

メカニズムから理解する獣医臨床薬理学

各論

chapter 2
　抗菌薬の基本事項
chapter 3
　ステロイド剤の作用と副作用
chapter 4
　非ステロイド性抗炎症薬（NSAIDs）の
　　作用と副作用
chapter 5
　循環器薬の作用機序とその選択
chapter 6
　抗てんかん薬
chapter 7
　抗がん剤の薬理作用と獣医臨床でのエビデンス

chapter 2

抗菌薬の基本事項

● 抗生物質とは？

　2種類の微生物を同じ培地で培養したときに，一方の微生物が産生する物質が，他の微生物の発育を阻害する現象を抗生現象という。この抗生現象を引き起こすものを抗生物質と呼ぶ。

　アレクサンダー・フレミングは1928年，ブドウ球菌の培養実験中に放置しておいた培養皿に混入した青カビの周りだけブドウ球菌の増殖が阻止されていたことに気付き，この物質をペニシリンと名付けた。抗生物質の誕生である。1940年にハワード・フローリーとエルンスト・ボリス・チェーンは，培養した青カビからのペニシリン精製，製剤方法の開発に成功し，大量生産できるようになったペニシリンは感染症で苦しむ多くの人の命を救った。この業績により，3人は1945年にノーベル医学生理学賞を共同受賞している。ペニシリン以降，多種の抗生物質が数多く発見され，感染症に対する薬物療法が飛躍的に発展してきた。現在では，天然物を化学的に修飾することで作用の増強，性質を改良した薬剤が開発されるようになってきた。

　抗生物質は，『他の微生物の増殖を抑えるカビまたは細菌から得る可溶性物質』（ステッドマン医学大辞典）である。したがって，天然の抗生物質に化学修飾を加えたものや，完全に人工的に合成されたキノロン系やニューキノロン系，スルホンアミド（サルファ剤）は厳密には抗生物質ではなく，合成抗菌薬である。本章では，抗生物質および合成抗菌薬（あわせて広義の抗菌薬）を取り上げて解説する。

　図1に主な抗菌薬の作用部位を示した。異なる種類の薬物は，相加／相乗効果が得られる組み合わせと，逆に効果が減弱する組み合わせがある。例えば，エリスロマイシン，クロラムフェニコールおよびクリンダマイシンは化学構造が異なるものの，すべて細菌リボソームの50Sサブユニットと選択的に結合することで蛋白合成を阻害する（図1）。これらのうち，ひとつの抗菌薬が50Sサブユニットに結合すると，他の抗菌剤の結合を阻害する。したがって，これら3系の薬物を同時併用しても期待する効果が得られない可能性が高い。一方で併用により抗菌作用の増強が期待できるポリミキシンBやサルファ剤は合剤が開発されている。表1に各種抗菌薬の抗菌スペクトラムの概要を示す。

● 細菌の細胞壁

　細胞膜のすぐ外側で細胞を取り囲んでおり，生命維持のために非常に重要な役割を果たしている。ペニシリンなどのβラクタム系抗生物質はこの細胞壁を攻撃する。動物の細胞は細胞壁を持たないため，動物体内でも効率よく選択的に殺菌効果を示す。

　細胞壁は重合して形成されたペプチドグリカンで形成されている。ペプチドグリカン層は，グラム陽性菌ではグラム陰性菌にくらべ非常に厚い（図2A）。グラム陰性菌は，細胞膜の外側

抗菌薬

図1 各抗菌薬の作用部位[1]

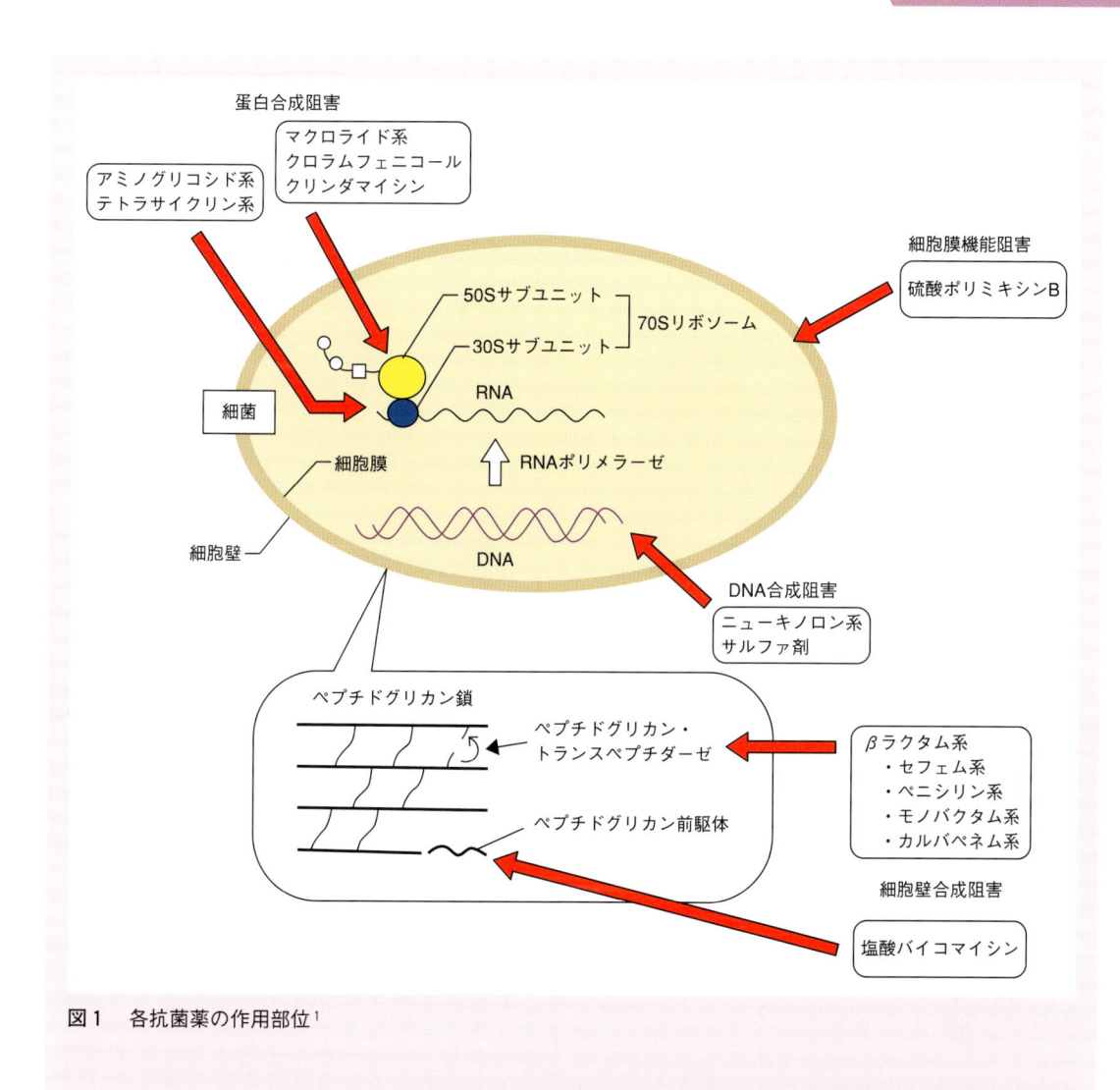

表1 抗菌スペクトラム[2]

	グラム陽性菌	MRSA	腸内細菌グラム陰性菌	インフルエンザ菌	緑膿菌	バクテロイデス嫌気性菌	結核菌	マイコプラズマ	リケッチア	クラミジア
ペニシリン	++	−	+	++	−	+	−	−	−	−
セフェム 第1世代	++	−	++	−	−	−	−	−	−	−
第2世代	++	−	++	+	−	++	−	−	−	−
第3世代	−	−	++	++	(++)	++	−	−	−	−
モノバクタム	−	−	++	++	++	−	−	−	−	−
カルバペネム	++	−	++	++	++	++	−	−	−	−
マクロライド	++	−	−	−	−	+	−	++	++	++
テトラサイクリン	++	+	+	++	−	+	−	++	++	++
アミノグリコシド	+	+	++	−	++	−	(+)	−	−	−
クロラムフェニコール	+	+	++	++	−	++	−	+	++	++
ニューキノロン	++	−	++	++	+	(+)	(++)	+	(++)
バンコマイシン	++	++	−	−	−	−	−	−	−	−

( ) は一部に対応

図2　細菌の細胞壁の構造

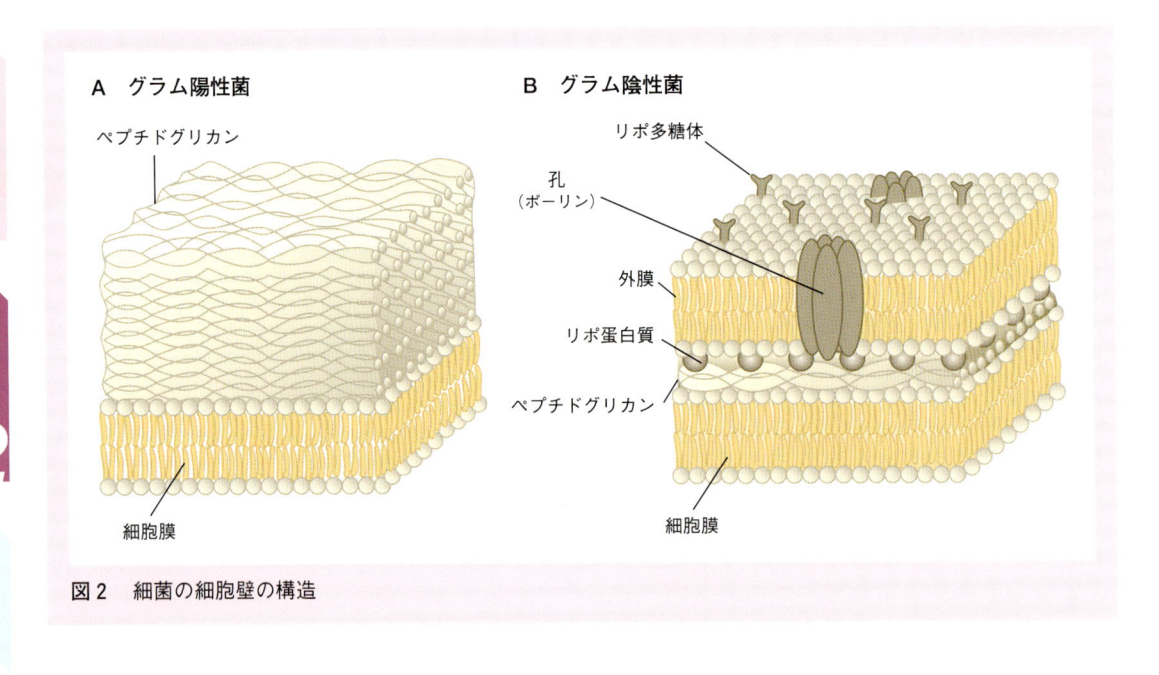

に薄いペプチドグリカン層に加え，その外側に脂質二重層の外膜を有している（図2B）。グラム陽性菌では，ペプチドグリカン層は多孔性のため，親水性の栄養分や老廃物の取り込み，拡散が可能である。一方グラム陰性菌では，外膜が親水性物質の取り込み／拡散の障壁となるため，ポーリンという蛋白質で構成される孔がある（図2B）。この孔を通って親水性物質の交換が可能である。親水性の抗生物質は，この孔を通ってペプチドグリカン層とその下部に到達し効力を発揮する。

各抗菌薬の特徴を以下に紹介する。一般的な用量も示したが，これらはSmall Animal Clinical Pharmacology and Therapeutics（W.B. Saunders Company, 2001）およびPlumb's Veterinary Drug Handbook 6th ed.（Blackwell Publishing, 2008）より引用した。疾病により用法・用量などが異なる可能性がある。詳細に関しては，これらの本を参照して頂きたい。

● βラクタム系抗生物質

[特徴・作用機序]

　様々な薬物が開発されており，グラム陽性菌のみならずグラム陰性菌に対しても抗菌作用を示す。βラクタム系抗生物質は，活発に分裂している細菌に対して，ペプチドグリカン形成を阻害することで殺菌性に働く。しかし，βラクタマーゼ（ペニシリナーゼ）を有するブドウ球菌などは，βラクタム環を攻撃して殺菌作用を無効にする（図3，赤矢印）。このような細菌は，βラクタム系抗生物質による治療に対し抵抗性を示す。

　βラクタム系抗生物質は，その作用メカニズムから分かるように活発に発育，分裂中の細菌に作用する。一方，静菌性抗菌薬は細菌の分裂および発育を阻害する。したがって，理論的には併用した場合はβラクタム系抗生物質の効力が減弱してしまう[3]。

[副作用]

　他の抗菌剤にくらべ安全な薬物であるが，過敏症（アナフィラキシー）が起こる可能性がある。セファロスポリン系では起こりにくい。ごくま

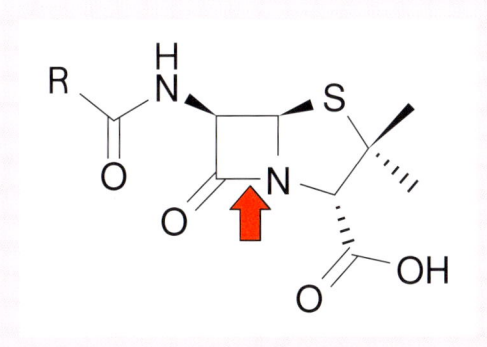

図3　βラクタム系抗生物質の基本構造
βラクタマーゼ(ペニシリナーゼ)の作用により
βラクタム環(赤矢印)を攻撃し、失活させる細
菌もある

れにではあるが，血小板減少症が認められている[4]。

[薬物]

ペニシリン

　天然ペニシリンであるペニシリンGは，胃酸で分解されてしまうので注射剤として使用する。一方で酸にも安定で，経口投与で血中濃度を維持できるペニシリン製剤(ベンジルペニシリンベンザチン水和物)が開発されている。グラム陽性球菌やグラム陽性／陰性嫌気性菌に有効性を示す。βラクタマーゼ耐性ペニシリン(オキサシリン，ジクロキサシリン，クロキサシリン)は，βラクタマーゼ産生菌に対し効果的に殺菌作用を示す。ただ，これらの薬物は抗菌スペクトラムが狭いため，ターゲットをβラクタマーゼ産生菌に絞って使用する必要がある。

　ペニシリンGは，イヌの全身あるいは整形外科の感染症では20,000〜40,000Units/kg q4-6hで静脈内投与する。また外科手術時の感染予防では開始1時間前に40,000Units/kgで静脈内投与し，手術が90分以上経過したときにはもう一度投与する。

アンピシリン・アモキシシリン(アミノベンジルペニシリン系)

　ペニシリンにくらべより広い抗菌スペクトラムを有しており，グラム陽性球菌やグラム陽性／陰性嫌気性菌はもちろん，大腸菌やパスツレラ，クレブシエラに対し抗菌作用がある。しかし最近では耐性を持つ菌株が増加している。アモキシシリンは，アンピシリンにくらべて吸収されやすい。アモキシシリンは，βラクタマーゼにより分解されるので，βラクタマーゼ阻害薬のクラブラン酸を配合した製剤(クラバモックス®)が開発されている。

　アンピシリンは，イヌのグラム陽性菌の感染に対しては10〜20mg/kg PO BIDあるいは5mg/kg IM or SC BID，5mg/kg IV TIDで投与する。グラム陰性菌に対しては，20〜30mg/kg PO TIDあるいは10mg/kg IM or SC TIDで投与する。また静脈内投与では，10mg/kgの用量で4回/日投与する。ネコの場合も同様である。

　アモキシシリンは，イヌのグラム陽性菌の感染に対しては10mg/kg PO IM or SC BIDで投与する。グラム陰性菌に対しては，20mg/kg PO TIDあるいは20mg/kg IM or SC BIDで投与する。ネコの場合も同様である。

セファロスポリン系

　第1世代としてセファロチンやセファレキシンがあり，レンサ球菌やブドウ球菌などのグラム陽性菌に対して有効である。セフォチアムやセフメタゾールなどの第2世代は，第1世代にくらべグラム陰性菌に対する作用が増強されている。βラクタマーゼ抵抗性である。グラム陽性菌に対する作用は弱いため，乱用によりメチシリン耐性ブドウ球菌(MRSA)感染症の原因となり得る。第3世代は，第2世代にくらべさらに広い腸内のグラム陰性桿菌に対する抗菌スペクトラムを持つ。また，セフォタキシムやセフォジジムなど血液−脳関門を通過しやすいという特性を持っているものもある。

　セファレキシンは，イヌのグラム陽性菌感染の場合22mg/kg PO BID，グラム陰性菌感染の場合，30mg/kg PO TIDで投与する。ネコも同様である。セフォタキシムは，イヌとネコにお

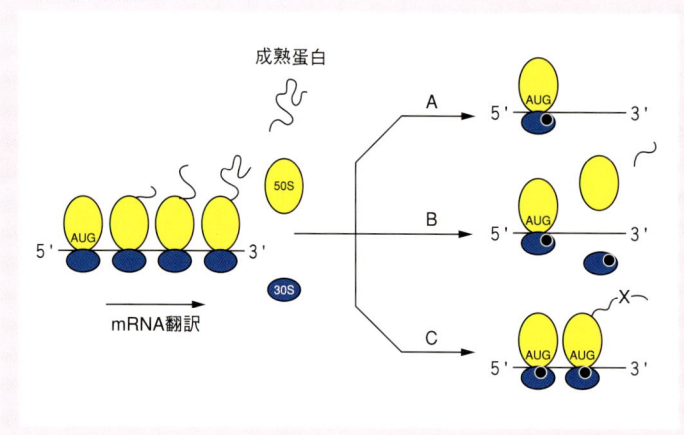

図4　アミノグリコシドの蛋白合成阻害メカニズム[6]
アミノグリコシド(●)は、リボソームの30Sサブユニットに結合することで、蛋白合成を阻害する(図1、A)。また、リボソーム複合体の遊離による翻訳の中断(B)や、アミノ酸の取り込み過誤(C)により蛋白の合成阻害や、機能不全・異常蛋白の合成を引き起こす

いて20～50mg/kg IV，IM or SC q8hで投与する。

モノバクタム系

　グラム陽性菌には無効であるが，βラクタマーゼに対して安定で，緑膿菌を含むグラム陰性菌に対して強い抗菌作用を示す。腎毒性が少なく安全性は高い。アズトレオナムやカルモナムがある。

　アズトレオナムの獣医療における用量は確立していない。イヌにおいては30mg/kg IM or IV q6-8hが経験的に有効とされている。

カルバペネム系

　βラクタム系抗生物質耐性株に対し有効で強力な抗菌薬として，モノバクタム系と共に開発されてきた。両系ともすべて注射剤である。抗菌スペクトラムがきわめて広く，グラム陽性菌および緑膿菌などのグラム陰性桿菌に対する抗菌力が強い。安易に使用すると耐性株の問題が出現するので，慎重に適応を選ぶ必要がある。薬物としてはメロペネムやビアペネムなどがある。イミペネムは，近位尿細管壁に局在するデヒドロペプチダーゼIにより分解されるが，生成される分解産物が腎毒性を示すため，デヒドロペプチダーゼI阻害薬であるシラスタチンとの合剤が開発されている。パニペネムは腎毒性を回避するため腎皮質への取り込み阻害作用を有するベタミプロンとの合剤として開発されている。

　メロペネムは，イヌおよびネコの全身感染症で12mg/kg SC q8hあるいは24mg/kg IV q24h，尿路感染症では12mg/kg SC q12hで投与する。イミペネム・シラスタチンの合剤は，イヌおよびネコにおいて5～10mg/kg IV，SC or IM q8hで投与する。

●アミノグリコシド系

[特徴・作用機序]

　グラム陰性／陽性菌に対し用量依存性に殺菌作用を有する薬物である。アミノグリコシドはグラム陰性菌において，一部は電子伝達系に依存するが，主にポーリン蛋白で構成される孔(図2B)から拡散し細胞膜に至る。細胞膜からエネルギー依存性に細胞内に輸送されるとリボソームに結合し，mRNAの翻訳を阻止したり，誤翻訳を引き起こしたりすることにより蛋白合成阻害作用を発揮する(図4)。細菌の異なる部位を作用点とすることや抗菌スペクトラムが異なることから，ペニシリン系やセファロスポリン系薬との併用で相加／相乗効果が期待できる[5]。

　アミノグリコシドは筋注により速やかに吸収され，30～90分後に血中濃度が最大となる。

極性が強いため細胞や中枢神経系，眼には分布せず，腎糸球体の濾過によりそのほとんどが24時間以内に排泄される。経口あるいは経直腸投与した場合，極性の強い陽イオンであるため腸管からの吸収はきわめて少ないが，投与量の1％未満ではあるが吸収される。そのため，特に腎不全患者では反復投与により血中濃度上昇を引き起こす可能性がある。また，大きい創傷や火傷，皮膚潰瘍に反復使用する場合も，吸収され中毒量に達する可能性がある[6]。抗生物質投与後効果（後述）により薬物が有効濃度以下となっても殺菌活性が持続する。

［副作用］

ヒトでは，アミノグリコシドの数日以上の反復投与により8〜26％の患者に軽度で可逆的な腎障害を呈したという報告がある。アミノグリコシドが近位尿細管細胞に蓄積し軽度の蛋白尿，硝子質あるいは顆粒状の尿円柱が排泄される。その後糸球体濾過量の減少や血漿クレアチニンの軽度の上昇が出現する。近位尿細管の細胞は再生能力があるため，これらの毒性は可逆的である場合が多い。アミノグリコシドのうち，ネオマイシンは一番腎毒性が強く，ストレプトマイシンは蓄積されないため腎毒性が起こりにくい[6]。内耳の外リンパと内リンパにおいてもアミノグリコシドが蓄積し，その半減期は血漿より5〜6倍長い。そのため第8脳神経（内耳神経）に影響を及ぼし，聴覚や平衡感覚を消失させる。特にストレプトマイシンはヒトへの4週間反復投与で前庭の非可逆的障害が発生している[6]。

［薬物］

ゲンタマイシン／トブラマイシン

ゲンタマイシンはコストが低く，多くのグラム陰性桿菌感染症に対し有効な薬物である。そのため，アミノグリコシドの第一選択薬となっている。トブラマイシンは緑膿菌に対して有効であるため，重篤な緑膿菌感染症の治療に用いられる。点眼薬としても使用されている。

ゲンタマイシンは，イヌでは4.4〜6.6mg/kg IV, IM or SC q24hで投与する。ネコの場合は8mg/kg SIDあるいは2〜4mg/kg q8h IV, IM or SCで投与する。トブラマイシンはイヌ，ネコ共通で2mg/kg IV, IM or SC q8hで投与する。なお腎不全動物に投与する場合は注意が必要である。

アミカシン

抗菌スペクトラムはアミノグリコシドの中で最も広い。細菌がつくるアミノグリコシド不活性化酵素に対し耐性がある。したがって，ゲンタマイシンやトブラマイシン耐性株に対しても有効である可能性がある。

アミカシンは，イヌでは15〜30mg/kg，ネコでは10〜15mg/kg IV, IM or SC SIDで投与する。

●テトラサイクリン系

［特徴・作用機序］

グラム陰性菌およびグラム陽性菌に対して有効性が高い静菌的抗生物質である。細菌の30Sリボソームサブユニットに結合し，アミノ酸のペプチド鎖への付加を抑制する。これにより蛋白合成を阻害する（図1，5）。テトラサイクリンには経口，非経口，点眼薬などがあり，疾病により使い分けることができる。全身移行性が高く，組織や尿，前立腺液などの分泌液にも分布する。ほとんどのテトラサイクリンは腎から排泄されるが，ドキシサイクリンは糞便中に排泄される。

［副作用］

胎子期または幼若期に投与すると歯（エナメル質）が永久に褐色変性する。また骨のカルシウムとキレートをつくることで骨格の成長を抑制することがある。腸内細菌に影響を与え，下痢，嘔吐などの消化器障害を呈する場合もある[7]。

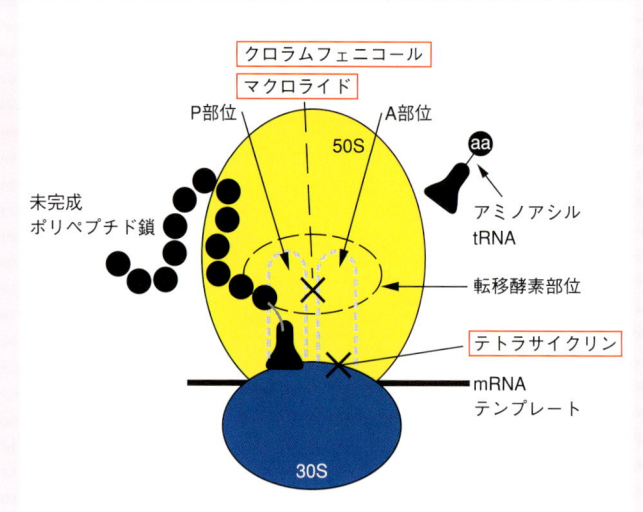

図5 テトラサイクリンおよびクロラムフェニコールの蛋白合成阻害メカニズム[6]

ポリペプチド鎖伸長は以下のように行われる。①アミノアシルtRNA（アミノ酸（aa）と結合したtRNA）がアクセプター（A）部位に入る。②"未完成ポリペプチド鎖"とアミノアシルtRNAに結合しているaaがペプチド転移酵素により結合する。③アミノアシルmRNAがP部位に移動し、A部位に新しいアミノアシルtRNAを受け入れる

テトラサイクリンは、30Sサブユニットに結合することで、①を抑制する。クロラムフェニコールは、50Sサブユニットに結合しペプチド転移酵素を阻害することで②を抑制する。マクロライドは、③のアミノアシルmRNAがA部位からP部位への移動を阻害する

[薬物]

テトラサイクリン／オキシテトラサイクリン

チーズやミルクなどの乳製品や制酸薬、ビタミン剤、スクラルファート、次サリチル酸ビスマスは、2価陽イオンを持つ金属イオンを含む。テトラサイクリンやオキシテトラサイクリンのほとんどが、これらの金属イオンとキレート結合するため吸収が阻害される。したがって同時投与は避けるべきである。これらの薬物は水溶性が高いため、中枢神経に移行しにくい。また大部分が腎排泄されるため、腎臓病や腎血流が減少した患者では、投与量を減らすなどの処置が必要なケースがある。

オキシテトラサイクリンはイヌ、ネコともに20mg/kg PO q8〜12hで投与する。胃腸障害が起きる場合は食事とともに与える。また、腎不全や肝不全、幼若、妊娠動物への投与は避ける。

ドキシサイクリン

腸管吸収が良好で、乳製品を含む食物は吸収を阻害しない。脂溶性のため血液-脳関門も比較的容易に通過し、眼球や前立腺にも移行しやすい。腸管（糞便中）排泄のため、腎障害による用量調節の困難さは少ない。

ドキシサイクリンは、イヌの場合3〜5mg/kg PO q12hを7〜14日間投与する。軟部組織や泌尿器系では4.4〜11mg/kg PO or IV q12hを7〜14日間投与する。ネコの場合、5mg/kg PO or IV q12hで投与する。

●クロラムフェニコール系

[特徴・作用機序]

グラム陽性菌やグラム陰性菌、リケッチアなど幅広い抗菌スペクトラムを有しているが、緑膿菌に対しては無効である。図1、5に示すように、50Sサブユニットに結合しペプチド転移酵素を阻害することで蛋白合成を抑制する。クロラムフェニコールは、経口投与後腸管から速やかに吸収される。非経口製剤としてはコハク酸ナトリウム塩も利用可能である。投与後広範囲に分布し、脳脊髄液でも有効濃度まで達する。また胎盤や乳汁にまで移行するため、妊娠・授乳中の動物では使用不可である。クロラムフェニコールは直接あるいは肝で一部代謝されて尿中に排泄される。ネコでは肝代謝能力が低いため、投与量はイヌにくらべて少ない。また未変化体の多くが腎臓から排泄されるため、腎不全

患者では血中濃度に注意が必要である。一方，眼科領域では，ネコの両角膜に1％クロラムフェニコール軟膏を3回/日，21日間持続しても健康には影響ないという報告がある[8]。

クロラムフェニコールは通常の用量では静菌性のため，細菌の分裂および発育を阻害するβラクタム系抗生物質の殺菌作用を阻害する。

クロラムフェニコールは，イヌの場合45〜60mg/kg PO q8hあるいは45〜60mg/kg IM, SC or IV q6-8h，ネコの場合50mg/cat q12h IV, IM, SC or POで投与する。

[副作用]

ヒトにおいてクロラムフェニコールを新生児や未熟児に投与すると，グルクロン酸抱合能や腎排泄能が低いため血中濃度が上昇する。呼吸促迫，嘔吐などが引き起こされ，1日後には体が灰鉛色になるグレイ症候群を呈することがある。

哺乳動物の造血細胞は，この薬物に対して感受性が高く，非再生性の貧血やリンパ球あるいは好中球減少症を引き起こすことがある。錠剤やカプセルを分解して調剤する際にもマスクなどで吸入しないように心掛ける必要がある。

● マクロライド系

[特徴・作用機序]

グラム陽性菌，グラム陰性球菌に有効であるが，緑膿菌をはじめとするグラム陰性桿菌のほとんどに対し無効である。マクロライド系は，クロラムフェニコールと同様50Sサブユニットに可逆的に結合することにより抗菌作用を呈する。しかし，クロラムフェニコールとは異なり，直接のペプチド結合抑制作用はない。ペプチジルtRNAがA部位からP部位に移動する段階を阻害する(図1，5)。通常は静菌的であるが，感受性の高い菌に対しては殺菌作用を示す。

エリスロマイシンは小腸上部で吸収されやすい。しかし，経口投与では胃酸で不活化されてしまう。そのため，酸安定性のあるエステル体(ステアリン酸やエチルコハク酸塩)が使用される。クラリスロマイシンやロキシスロマイシンは胃酸に対して安定であり，腸管からの吸収もよい。マクロライドは，細胞内液に容易に拡散する。エリスロマイシンはその15％以下が尿中に排泄される。残りは肝臓で濃縮され胆汁に排泄される。一方クラリスロマイシンは，未変化体および肝代謝物として腎臓から排泄される。マクロライド系に似た薬物に，エリスロマイシンの半合成誘導体であるケトライド系のテリスロマイシンがある。これは，マクロライド系の耐性を示さない。したがって，マクロライドやペニシリン耐性肺炎球菌に対し有効性のある薬物である。

[薬物]

エリスロマイシン／タイロシン

静菌性である。前立腺を含む多くの組織や体液に分布するが，中枢神経への移行は十分ではない。リンコマイシンと作用点が同一であるため，併用すると競合的に作用し期待した効果が得られない可能性がある。

エリスロマイシンはイヌ，ネコともに10〜20mg/kg PO TIDで投与する。

● リンコマイシン系

[特徴・作用機序]

リンコマイシンやクリンダマイシンがある。グラム陽性好気性球菌に対し有効で，クリンダマイシンは病原性嫌気性菌に対しても抗菌性を示す。リボソームの50Sサブユニットに結合することにより，濃度依存性に静菌および殺菌作用を発揮する。カオリン止瀉薬を併用するとリンコマイシンの吸収は抑制されるが，クリンダマイシンは影響を受けにくい。肝臓で代謝され尿中あるいは胆汁中に排泄される。したがって肝臓，腎臓疾患患者では血中濃度の上昇や半減期の延長が起こる可能性があるため，投与量に

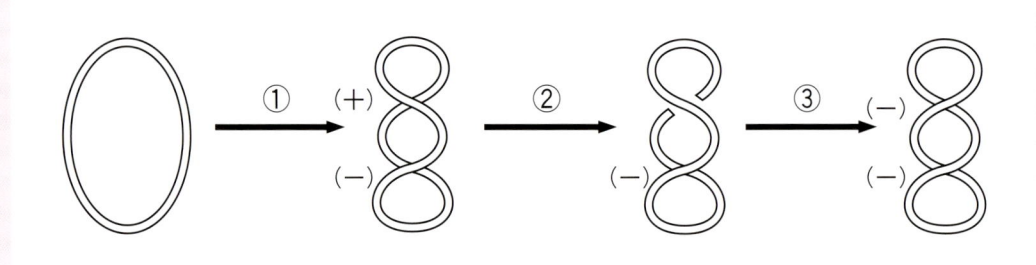

図6　DNAジャイレースによる超らせん構造の形成過程
①閉環状DNAは正の超らせん構造を形成する。DNAジャイレースにより、②ATPを使用して二本鎖DNAを切断し、③切断点を手前側でつなぐことにより負の超らせん構造を形成する。キノロン系は、②③のDNAジャイレースの作用阻害することで抗菌力を発揮する

注意が必要である。

リンコマイシンは，イヌの皮膚および軟部組織感染では15.4mg/kg PO q8hあるいは22mg/kg PO q12hで投与する。全身感染症の場合は，原液を希釈して22mg/kg IM, SC or IV q24hで時間をかけて投与するか11mg/kg IM or SC q12hで投与する。ネコの皮膚および軟部組織感染では11mg/kg IM q12hあるいは22mg/kg IM q24hで投与する。全身感染症の場合は15mg/kg PO q8hあるいは22mg/kg PO q12hで投与する。いずれも12日以内の投与とする。

クリンダマイシンは，イヌでは5～11mg/kg IM, SC or PO q12hで投与する。しかし重篤な肝不全患者の場合，他の薬物に変更するか用量を減らす必要がある。ネコは5～10mg/kg PO q12hで投与する。

[副作用]
ウサギやハムスター，モルモットでは致命的な消化管障害を引き起こすことがある[3]。イヌやネコでも下痢や嘔吐などの副作用がある。乳汁にも移行するため，哺乳中の動物が下痢を引き起こす可能性がある。

●キノロン系

[特徴・作用機序]
合成抗菌薬で抗菌スペクトラムが広く，βラクタマーゼ産生性のブドウ球菌や大腸菌，サルモネラなどにも有効で，緑膿菌にも有効な強い殺菌性薬物である。ただし，連鎖球菌に対する有効性は薬物ごとに異なる。副作用の発生はわずかで，耐性も発現しにくい[6]。細菌のDNAジャイレースを阻害することにより抗菌作用を示す（図1，6）。DNAジャイレースは細菌の生育には不可欠である一方で，動物など真核生物には存在しないため，細菌に選択的に活性を示す。経口投与後の吸収はよく，腎臓や肝臓，肺，骨，関節液，眼房水，呼吸器，前立腺などの組織に広範囲に分布し，主に腎臓から排泄される。

[薬物]
エンロフロキサシン
注射液あるいは錠剤として利用可能である。経口投与時に食事の影響を大きく受けない。経口投与あるいは静脈内投与したときの代謝物であるシプロフロキサシンがエンロフロキサシンの抗菌効果の多くを担っている[9]。

エンロフロキサシンは，イヌで5～20mg/kg，ネコでは5mg/kgを1回/日で投与するか2回に分けてq12hで経口投与する。

[副作用]

　発育期のイヌに標準の5倍量を投与すると，関節軟骨に泡状病変が引き起こされることが報告されている。したがって2〜8カ月の小型／中型犬には禁忌である[3]。また，非ステロイド性抗炎症薬との併用で痙攣が起こるとの報告がある。中枢における抑制性神経伝達物質GABAのGABA$_A$受容体への結合をキノロンが抑制するが，その抑制作用を非ステロイド性抗炎症薬が増強するためといわれている[10]。

● スルホンアミド(サルファ剤)

[特徴・作用機序]

　グラム陽性菌やグラム陰性球菌，一部のグラム陰性桿菌に有効である。スルホンアミドは，1930年代に開発された初めての合成抗菌薬で，古くから細菌感染の防止・治療に使われていた。したがって現在では耐性株も多い。葉酸合成系を阻害することで抗菌作用を示す(図1，7)。哺乳動物の細胞は葉酸を合成せず既存の葉酸を使用するため，スルホンアミドの影響を受けない。現在では，葉酸合成系を別の段階で阻害するトリメトプリムやオルメトプリムを配合することで抗菌力を増強し，静菌的から殺菌的に変化させた合剤が使用されている(図7)。スルホンアミドは，胸膜や腹膜，滑膜，眼球，中枢神経など広範囲に分布する。ヒトではアセチル化により肝で代謝・排泄されるが，イヌではアセチル化酵素が欠損しているので主に尿中に排泄される[11]。

[薬物]

スルファジアジン／トリメトプリム合剤

　スルファジアジンは経口投与後，主に小腸で吸収され，3〜6時間で血中濃度が最大となる。半減期はイヌで9.8時間である。一方，トリメトプリムの半減期はイヌで2.5時間であるが，組織内の半減期はさらに長い。肝臓で代謝される[11]。

　スルファジアジン／トリメトプリム合剤は，

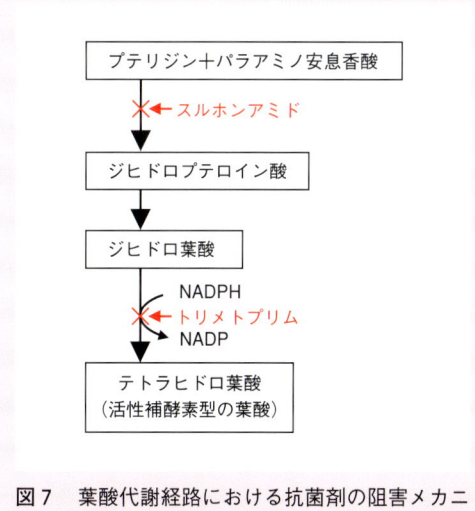

図7　葉酸代謝経路における抗菌剤の阻害メカニズム
スルホンアミドは，ジヒドロプテロイン酸合成酵素を競合的に阻害することにより葉酸代謝を阻害する。また，トリメトプリムはジヒドロ葉酸還元酵素を競合的に阻害する。これら2剤は協力的に働くため併用(合剤)は非常に有効性が高い

イヌおよびネコにおいて30mg/kg PO q24hで投与する。

スルファジメトキシン

　イヌではアセチル化されずに主に尿から排泄されるが，尿細管細胞で再吸収されるため，半減期は13.2時間と長い。

　スルファジメトキシンはイヌ，ネコともに25mg/kg PO，IV or IM SIDで投与する。

[副作用]

　University of Florida Veterinary Medical Teaching Hospitalにおいて抗生物質治療を行ったイヌの副作用に関する解析研究では，スルファジアジン／トリメトプリムの副作用は，発生率18.4%であり，食欲不振や沈うつ，多飲，下痢，跛行，嘔吐などであった[12]。別の臨床研究では，スルファジアジン／トリメトプリムを投与したイヌのうち15.2%で乾性角結膜炎を呈したとの報告がある[13]。

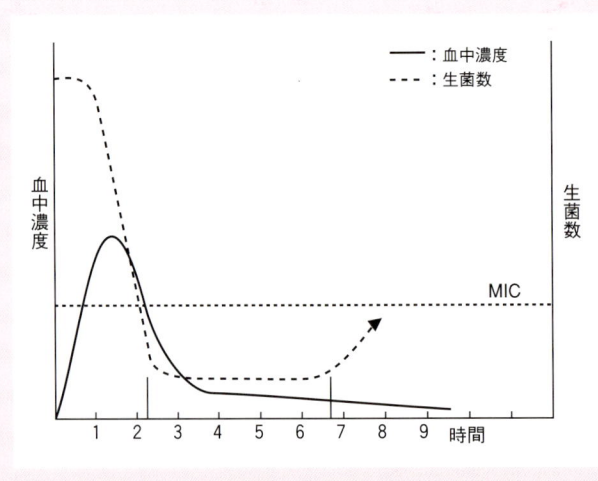

図8 PAEを有する抗菌薬の血中濃度推移と生菌数推移との関係[15]
抗菌薬の血中濃度がMICより低下しても，細菌の増殖を抑制する。この図では，PAEが約4時間持続している

表2 抗菌薬のPAE時間（概算）[16]

抗菌薬	細菌	PAE（時間）	
		in vitro	in vivo
βラクタム	グラム陽性球菌	1〜2	2〜6
	グラム陰性桿菌	<1	<1
蛋白，核酸合成阻害剤 アミノグリコシド ニューキノロン テトラサイクリン マクロライド クロラムフェニコール リファンピシン	グラム陽性球菌	2〜6	4〜10
	グラム陰性桿菌	2〜6	2〜8

●ポリミキシンB

[特徴・作用機序]

グラム陰性菌に効果を発揮する。ポリミキシンBの有している界面活性作用により細胞膜構造を破壊し膜透過性を変化させる（図1）。また，外膜のリポ多糖体（内毒素；図2B）に結合してこの分子を不活化する。経口投与や，粘膜，創傷面に塗布してもほとんど吸収されない。静脈内など非経口投与では強い腎毒性があるため，現在は局所にのみ用いられる。この場合，相互作用がないかわずかなため，眼科・耳鼻科・局所用として他の抗菌剤に配合されている場合が多い。

●バンコマイシン

[特徴・作用機序]

バンコマイシンは，細胞壁の合成を阻害することで，主にグラム陽性菌に活性を示す（図1）。MRSAによる感染症の管理にも使用される。経口投与時に腸管からほとんど吸収されない。静脈内投与すると，心膜液，胸膜液，滑液など全身に分布する。髄膜に炎症がある場合は，脳脊

髄液にも分布する。静脈内投与後は，そのほとんどが腎から排泄されるため，腎機能が低下した症例では血中濃度が上昇する可能性がある。その際は投与量を減らすなどの処置が必要な場合がある。またゲンタマイシンやアミカシンなどのアミノグリコシドを併用すると効果があるが，聴覚毒性や腎毒性などのアミノグリコシドの副作用を増強してしまうことがあるので注意が必要である[14]。

バンコマイシンは，他の一般的な抗菌薬に抵抗性を示す腸球菌あるいはブドウ球菌感染の場合のみ投与する。イヌ，ネコともに15mg/kgを30〜60分かけて静脈内投与する。

抗生物質投与後効果（Post antibiotic effect；PAE）

血中濃度が最小発育阻止濃度（Minimum inhibitory concentration；MIC）以下に低下した後でも残存する殺菌／静菌効果のことである（図8）。ほとんどの抗菌薬はグラム陽性菌に対してPAE作用を有している。アミノグリコシドやキノロン，テトラサイクリンなどはグラム陰性菌に対してもPAE作用を有する（表2）。

■参考文献

1) 佐藤 進. 抗菌薬 In: 佐藤 進編, 新薬理学テキスト：廣川書店, 2007;384-400.
2) 中野重行, 安原 一, 中野眞汎. 抗菌薬の臨床薬理. 臨床薬理学. 日本臨床薬理学会 ed, 2003;440-446.
3) Bill RL. 抗菌薬 In: 佐藤 宏 訳 動物臨床のための薬理学（Pharmacology for Veterinary Technicians）：世界動物病院協会, 2001;196-233.
4) Boothe DM. Antimicrobial Drugs In: Boothe DM, ed. Small Animal Clinical Pharmacology and Therapeutics: Saunders, 2001;150-173.
5) Gelatt KN. Veterinary Opthalmology. 4th ed: Blackwell, 2007.
6) グッドマン，ギルマン. 微生物疾患の化学療法. 薬理書（Pharmacological Basis of Therapeutics）. 11th ed: McGraw-Hill Companies, 2006;1375-1551.
7) 小久江栄一. 臨床薬理からみた薬の副作用 No.8 抗菌薬の副作用. Companion Animal Practice 2005;194:57-60.
8) Conner GH, Gupta BN. Bone marrow, blood and assay levels following medication of cats with chloramphenicol ophthalmic ointment. Vet Med Small Anim Clin 1973;68:895-896.
9) Kung K, Riond JL, Wanner M. Pharmacokinetics of enrofloxacin and its metabolite ciprofloxacin after intravenous and oral administration of enrofloxacin in dogs. J Vet Pharmacol Ther 1993;16:462-468.
10) 澤田康文，川上純一，山田安彦. ニューキノロン系抗菌剤と非ステロイド性消炎鎮痛薬との併用による中枢性痙攣. Clinician 1996;450:507-516.
11) Campbell KL. Sulphonamides: updates on use in veterinary medicine. Veterinary Dermatology 1999;10:205-214.
12) Kunkle GA, Sundlof S, Keisling K. Adverse side effects of oral antibacterial therapy in dogs and cats: an epidemiologic study of pet owners' observations. J Am Anim Hosp Assoc 1995;31:46-55.
13) Berger SL, Scagliotti RH, Lund EM. A quantitative study of the effects of Tribrissen on canine tear production. J Am Anim Hosp Assoc 1995;31:236-241.
14) Plumb DC. Vancomycin HCl. Veterinary Drug Handbook. 5th ed: Blackwell, 2004;1135-1137.
15) 清水喜八郎, 紺野昌俊. 新・抗生物質の使い方：医学書院, 2000.
16) 戸塚恭一，清水喜八郎. 抗菌薬のPAE. 感染症 1989;19:283-288.

chapter 3

ステロイド剤の作用と副作用

はじめに

　糖質コルチコイド作用を有する合成ステロイドは，獣医学領域で最も多く使用されている薬物のひとつである。その幅広い薬効のため，数多くの動物を救うのに貢献している。一方で，副作用が少なからずあることも事実である。本章では，糖質コルチコイドの生理作用ならびに合成ステロイドの薬理作用，副作用について解説する。また，合成ステロイドの投与タイミングとして考慮されている副腎皮質ホルモンの日内変動については最後に詳しく述べる。

糖質コルチコイドの分泌・抑制機構

　ストレスは，恒常性によって保たれている生体のバランスの崩壊を引き起こす。糖質コルチコイドは，動物の恒常性維持のために非常に重要な役割を果たしており，内部環境あるいは外部環境のストレスに対して中枢神経系が反応し，副腎皮質から分泌される。この調節はフィードバック機構により巧妙に行われている。図1に示すように，精神的・身体的ストレスを受けると視床下部から副腎皮質刺激ホルモン放出ホルモン（CRH）の分泌が亢進し，それに応答して下垂体前葉から副腎皮質刺激ホルモン（ACTH）が分泌される。ACTHを副腎皮質の球状帯で受けると，アルド

CRH：副腎皮質刺激ホルモン放出ホルモン
ACTH：副腎皮質刺激ホルモン

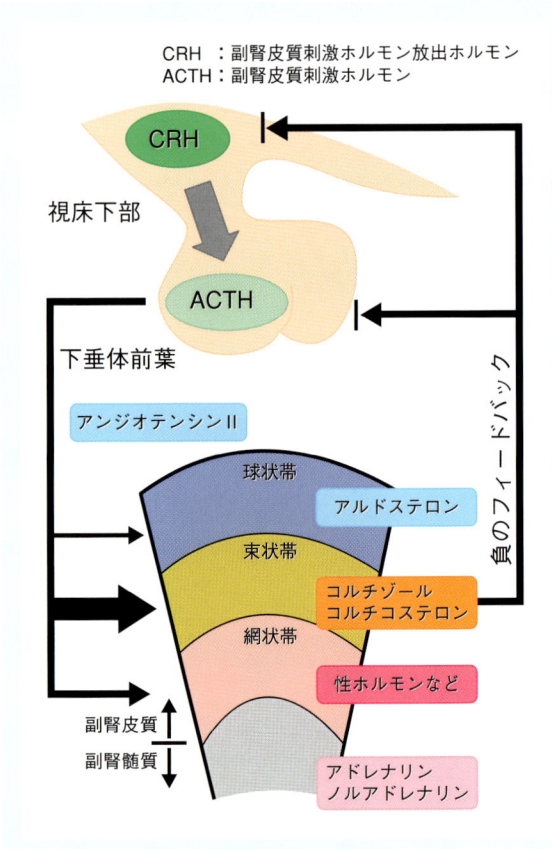

図1　視床下部－下垂体－副腎皮質軸

ステロン分泌を促し，腎臓，汗腺，唾液腺などでナトリウムイオンの再吸収が増大する。その結果，ナトリウムイオンの細胞外液への貯留をもたらす。一方束状帯で受けると，コルチゾールなどの糖質コルチコイドが分泌される。糖質コルチコイドは様々な生理作用を示すととも

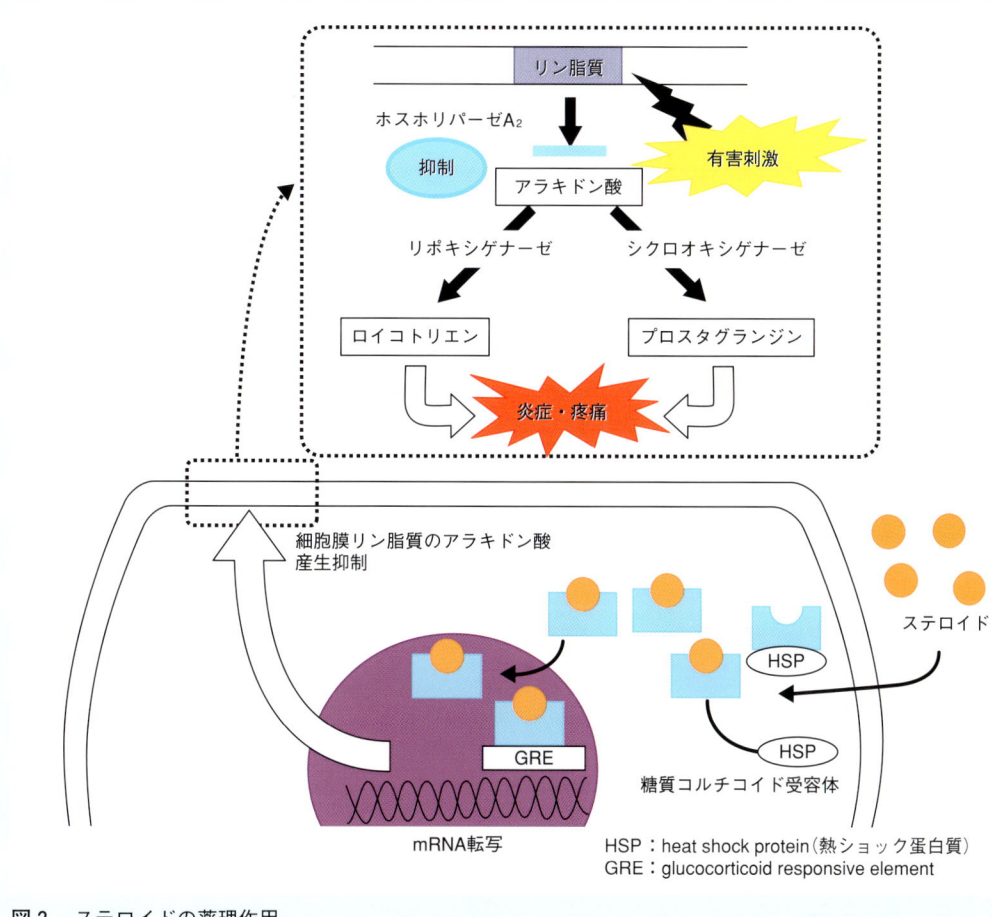

図2　ステロイドの薬理作用

に，下垂体後葉，視床下部に負のフィードバックをかける。これによりACTHの分泌が抑制され，副腎皮質ホルモン分泌が調整される。合成ステロイドは，後述するように様々な薬効がある反面，この負のフィードバックを促進することにより，副腎皮質機能を抑制し，様々な副作用を引き起こす。

● 糖質コルチコイドの生理作用とそのメカニズム

（A）炭水化物・蛋白質・脂質代謝に対する作用

糖質コルチコイドは，筋肉などにおいて蛋白質分解によるアミノ酸生成を促進する。脂肪組織では，脂肪を分解して脂肪酸とグリセロール生成を促進する。肝臓ではこれらの生成物からグルコースを新生するため血糖値が上昇する。また，肝臓ではグリコーゲンの蓄積やアミノ酸分解も促進する。これらの作用は，結果的に脳や心臓といった生命維持のための重要な臓器の機能保護に大きな役割を果たす。

（B）抗炎症作用

ステロイド剤が多くの場合，抗炎症作用を期待して投与されることからも明らかのように，糖質コルチコイドは強力な抗炎症作用を有する。その主な作用機序は肥満細胞のヒスタミンの放出抑制と，プロスタグランジン合成抑制である。

表1　合成ステロイド

薬品名	商品名	作用 抗炎症	作用 Na貯留	持続時間
ヒドロコルチゾン	コートン®	1	1	<12
プレドニゾロン	プレドニン®	3〜4	0.75	12〜36
メチルプレドニゾロン	メドロール®	5〜6	0.5	12〜36
トリアムシノロン	レダコート®	5	0	12〜36
デキサメサゾン	デカドロン®	25〜30	0	>48
ベタメタゾン	リンデロン®	25〜30	0	>48
パラメタゾン	パラメゾン®	10〜20	0	>48

　ステロイドは細胞内に入ると，受容体と結合し核内でメッセンジャーRNAの転写を開始する。これによりできた蛋白が，炎症のもととなるロイコトリエンやプロスタグランジンの産生を抑え，炎症を抑制する(図2)。

(C) 血液リンパシステムに対する作用

　糖質コルチコイドは，リンパ球，好酸球，単球を減少させ，好中球の浸潤を抑制する。これらの作用により抗体産生や細胞性免疫が抑制されるので，細菌増殖は起こりやすくなる。赤血球に関しては，その貪食を遅延させることにより血液内の量を増加させる。

(D) 循環器系に対する作用

　鉱質コルチコイドは，腎臓に作用してナトリウムの再吸収を促進することにより，水や電解質のバランスに影響を与える。一方糖質コルチコイドは，ノルエピネフリンやアンジオテンシンⅡなどの血管収縮物質の作用を増強する。糖質コルチコイドにより惹起される高血圧では，カリクレイン－キニン系やプロスタグランジン系，NOなどの降圧システムの活性が低下する[1]。

(E) 中枢神経に対する作用

　妊娠動物に過剰なストレスを負荷すると，生まれた子供の不安関連行動が増加することが明らかになっている。最近の研究で，過剰ストレスにより増加した妊娠動物の糖質コルチコイドが，胎子期の中枢機能に影響を及ぼしている可能性が示唆されている[2]。これらは実験動物を用いた研究で明らかになった事実であるが，妊娠動物のストレスと生まれた子供の情動には密接な関係があることは間違いない。

● 合成ステロイドの種類

　合成ステロイドには多くの種類がある。これらは生体ステロイドであるコルチゾールの一部の化学構造を変更させたものである。さらに，コハク酸や酢酸などをエステル結合させることにより，持続性などの特徴を変化させた様々な合成ステロイドもある。

(A) 合成ステロイド

　医薬品あるいは動物用医薬品として上市されている合成ステロイドは，抗炎症作用の強さと鉱質コルチコイド(ナトリウム貯留)作用との選択性，持続時間が製品により異なるので，目的に合致した薬物選択が必要である。表1に合成ステロイドの例を示す。ただし，製品によっては錠剤や注射剤があり，注射剤でも静脈内投与可能なものとそうでないものがあるので注意が必要である。

(B) エステル結合させた合成ステロイド

　同じ合成ステロイドでも，エステルやリン酸をエステル結合させることにより水溶性を持た

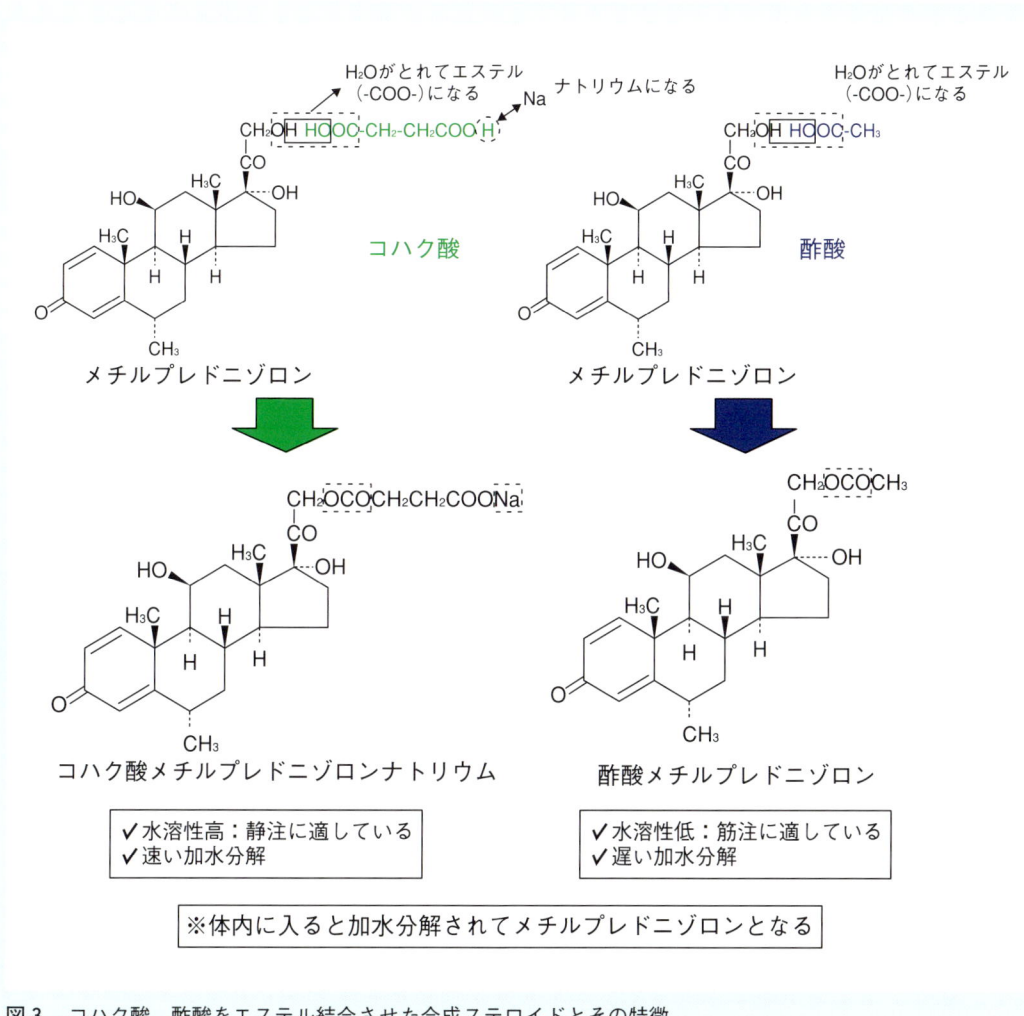

図3 コハク酸，酢酸をエステル結合させた合成ステロイドとその特徴

せて静脈内投与を可能にしたものや，生体での分解・活性化を遅くし，作用時間を長くしたものがある。プレドニゾロンやデキサメサゾンなど合成ステロイドそのものを選ぶことに加え，付加するエステルの違いにより短期間に大量投与が必要な場合や，投与回数を少なくして持続的に有効性を保ちたい場合など，目的に応じて幅広く薬物を選択することができる。

図3に示すように，合成ステロイド(図ではメチルプレドニゾロン)にコハク酸や酢酸をエステル結合させた薬物がある。これらの薬物は，生体内で加水分解されてメチルプレドニゾロンとなり，効果を示す。リン酸ナトリウムやコハク酸ナトリウムエステルは水溶性が高い。したがって，静脈内投与が可能であり，投与後は速やかに加水分解される。一方，酢酸エステルは水溶性が低いため，懸濁液として利用される。生体内ではゆっくりと活性化するので，数日から数週間作用が持続する。

図4にコハク酸メチルプレドニゾロンナトリウム(メチルプレドニゾロン4 mg/kg相当量)および酢酸メチルプレドニゾロン(同4 mg/kg相当量)を，それぞれイヌに静脈内および筋肉内投与したときの血中濃度推移を示す[3]。コハク酸メチルプレドニゾロンナトリウムの血中濃度は，静脈内投与後速やかに減少する。代わりに

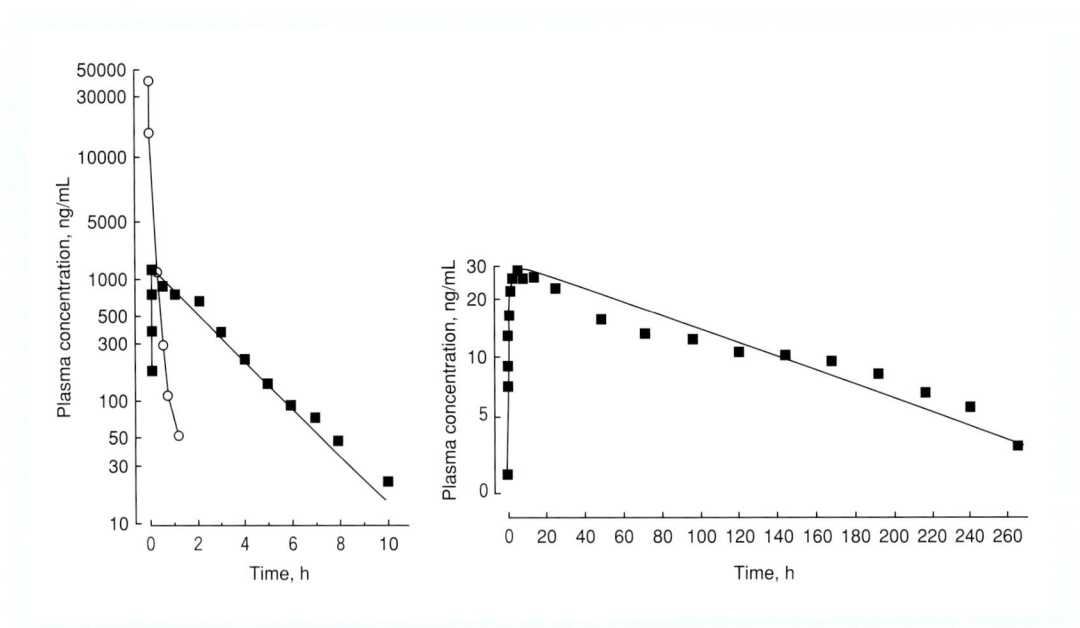

図4 コハク酸メチルプレドニゾロン(MP)ナトリウム(MP 4 mg/kg相当量)および酢酸MP(MP 4 mg/kg相当量)をそれぞれイヌに静脈内および筋肉内投与したときの血漿中MPあるいはコハク酸MPナトリウムの薬物濃度推移
左図：コハク酸MPナトリウム投与後のコハク酸MPナトリウム(○)および，MP(■)の血漿中濃度
右図：酢酸MP腰部筋肉内投与後のMPの血漿中濃度[3]

表2 合成ステロイドの剤形

シロップ：小児用経口剤として服用しやすくしたもの（リンデロンシロップ）
坐薬：潰瘍性大腸炎に適応（リンデロン坐薬）
注射剤：パルス療法など大量投与可能（デカドロン注）
懸濁剤：局注で持続効果を発揮（デポ・メドロール注）
外用剤：軟膏，クリーム，ローション
浸透性外用剤：ファルネゾン（ファルネシル酸プレドニゾロン）
その他：噴霧剤，点眼剤，口腔用剤など

メチルプレドニゾロンが代謝により生成され，投与後約40分で血漿中濃度が最大となり，その後ゆっくりと減少する（図4左）。酢酸メチルプレドニゾロンを腰部筋肉内に投与すると，メチルプレドニゾロンの血中濃度は10日以上持続する（図4右）。したがって，コハク酸メチルプレドニゾロンナトリウムに代表される水溶性の薬物は，短期間の効力を期待して急性静脈内投与できる。一方，酢酸メチルプレドニゾロンは水溶性が低く，筋肉内投与で薬効が持続する。この薬物のメリットは，投与回数を少なくできる

ことであるが，視床下部－下垂体－副腎系を長期間抑制してしまうことや，ステロイド耐性の発現，副作用が生じた場合に体内からの除去が難しい点がデメリットである。

(C) 剤形

薬物送達システム（Drug Delivery System, DDS）は，ターゲットとなる部位に薬物が効率よく到達でき，不用意な拡散で生じる副作用を減ずるように工夫する技術のことである。合成ステロイドは生体に対し多様な作用を有するた

め，DDSを導入した薬剤が開発されている。その例を表2に示す。

● 合成ステロイドの臨床応用

（A）皮膚疾患

合成ステロイドは，全身性エリテマトーデスなどの自己免疫性疾患にはなくてはならない薬物である。また，アレルギー性皮膚炎（アトピー，ノミアレルギー，食事性アレルギー）にもきわめて有効である。イヌのアトピー性皮膚炎の薬物治療に関して1980～2002年に報告された様々な薬物の臨床治験のうち，評価系に偏りがなく信頼性が高い報告のみを厳選して再評価した結果，合成ステロイドの高い有効性が認められた[4]。プレドニゾロン0.2～0.4mg/kg，2回/日あるいは0.5mg/kg，1回/日投与で効果が認められている。またメチルプレドニゾロンは0.4～1.0mg/kg，1回/1日で開始し，後に1回/2日とする。しかし，慢性投与による副作用を避けるために，他の作用機序の薬物の有効性についても検討する必要がある。この臨床治験再評価では，シクロスポリンの高い有効性と，ペントキシフィリン，ミソプロストールの有効性が認められている[4]。

（B）中枢神経疾患

フリーラジカルからの保護や脳脊髄液の産生減少による頭蓋内圧降下作用，脳微小血管の保護作用を有する。また，外傷性の脳浮腫に対してはあまり効果がないとされているが，脳腫瘍により生じる浮腫に対しては軽減効果や予防効果がある。急性の脳脊髄損傷に対しては，水溶性の合成ステロイドが有効である。イヌ・ネコの場合，コハク酸メチルプレドニゾロンナトリウムを30mg/kg静脈内投与し，2および6時間後に15mg/kg，それ以降48時間まで1時間当たり2.5mg/kg投与する[5]。

合成ステロイドは多食症を引き起こす。これは副作用とされているが，摂食障害の患者に対しては，食欲刺激を促すことができる。

（C）気道疾患

合成ステロイドは，慢性気道疾患の病態生理に関与しているプロスタグランジンやロイコトリエン，platelet-activating factorを抑制するとともに，気道拡張作用も有しているので，非常に有効な薬物である。喘息重責状態には，即効性の水溶性プレドニゾロンを用いる。また，長時間作用させたい場合にはデキサメサゾンも有効である。慢性疾患に対しては，経口剤や吸入薬が使用される[5,6]。

（D）ショック

ショックは重要臓器の血流障害により惹起される末梢循環不全であり，敗血症や熱傷，大量出血，心不全が原因となる。敗血症ショックに対する合成ステロイドの有用性は，実験動物では確認されているものの，臨床的にはいまだ実証されていない。

出血性ショックに対しては，リン酸デキサメサゾン5mg/kg静脈内投与で腎臓や肺，腸管血流が改善されたという報告がある[5]。合成ステロイドの急速静注は血圧低下を引き起こすため，ショックを悪化させてしまう。補液を十分行うことにより全身循環を改善させれば増悪を防ぐことができ，ターゲットとなる臓器への薬物分布が改善される。

（E）癌

合成ステロイド剤は，リンパ腫や多発性骨髄腫に対し細胞毒性を有している。プレドニゾロンは，肥満細胞腫のすべての症例にではないが有効である[7]。しかし合成ステロイド剤をリンパ腫に単独で投与すると，多剤耐性を生じてしまうので，抗がん剤とともに用いる（詳細はchapter 7参照）。

（F）眼疾患

局所投与は，結膜や強膜，角膜，前部ブドウ

膜の非感染性炎症に対し有効である。合成ステロイドは，角膜上皮の再形成を遅延させてしまうので，局所投与する前に潰瘍の有無を確かめる必要がある。酢酸プレドニゾロンは脂溶性が高いため，角膜上皮を通って浸透する。したがって，眼内の炎症に対しても有効である。局所投与でも吸収されて全身に循環する可能性があるので注意が必要である[8]。

● 合成ステロイドの副作用

一般に薬物は，期待する作用のみを有していることはまれで，高用量投与や低用量反復投与，ときには推奨用量の投与，動物の要因(疾患，年齢，性別など)により望まない薬効＝副作用が出現する。合成ステロイドも例外ではなく，様々な薬理作用を有する反面多くの副作用が生じる。処方する際には，作用・副作用どちらも予測しておく必要がある。

(A) 心血管系

糖質コルチコイドは，ノルエピネフリンやアンジオテンシンⅡなどの血管収縮物質の作用を増強し，カリクレイン－キニン系やプロスタグランジン系，NOなどの降圧システムの活性を低下させる[1]。このような作用により高血圧を惹起させる可能性がある。

ネコは，一般に合成ステロイドの副作用は少ないといわれている。しかし，ミネソタ大学のveterinary medical centerにて1992～2001年に来院し，うっ血性心不全と診断された271例のネコのうち，41例(15％)が合成ステロイドを投与されていた[9]。この内，気管支喘息など他の心不全の要因を有している症例を除く12頭を精査してみると，それぞれのネコは炎症性腸疾患やアレルギーを疑う掻痒や皮膚炎，脱毛の治療のため，酢酸メチルプレドニゾロンやリン酸デキサメサゾンが投与され，1～19日でうっ血性心不全を発症していた。最近同じグループが，皮膚疾患を有するネコを対象とした研究で，酢酸メチルプレドニゾロン(5 mg/kg)筋肉内投与により血漿量が増加することを明らかにした[10]。確定的ではないが，合成ステロイドによるこのような作用がうっ血性心不全の要因になる可能性がある。

(B) 糖尿病

合成ステロイドは糖新生を促し，末梢における糖利用を抑制することから，血糖値を上昇させる。また，抗インスリン効果を有するので糖尿病患者における血糖コントロールが難しくなる。

(C) 骨格筋系

合成ステロイドにより糖新生が促進した結果，骨格筋力低下や萎縮が生じ，歩様異常が出現する。まれではあるが，ミオトニー[11]や非外傷性の筋破裂[12]を引き起こすこともある。

(D) 皮膚

医原性の副腎機能亢進症では，皮膚が薄くなったり，脱毛，膿皮が限局性あるいはび漫性に認められる。

(E) 肝障害

合成ステロイドは肝細胞への脂肪，グリコーゲン，水分の蓄積を促進するので，肝細胞腫大，臨床的には肝肥大を引き起こす。また，肝機能も変化する。医原性副腎皮質機能亢進症のイヌ28頭の血液検査にてalkaline phosphatase(ALP)が15例，aspartate aminotransferase(AST)が12例，alanine aminotransferase(ALT)が14例で上昇し，高コレステロール血症が14例で認められたという報告がある[13]。

(F) 薬物相互作用

合成ステロイドは，他の薬物の代謝に影響を及ぼすことが明らかになっている。ヒト・ラットにおいて合成ステロイドを高用量投与すると，薬物を分解する酵素であるチトクロー

表3 CYP3Aにより分解される薬物[17]

抗てんかん薬：ゾニサミド
循環器薬：硫酸キニジン，アミオダロン，カルシウム拮抗薬，ジギタリス，シルデナフィル（バイアグラ）
抗生物質：エリスロマイシン，クリンダマイシン
オピオイド関連：フェンタニル，ロペラミド
抗がん剤：イホスファミド，タモキシフェン，イマチニブ，ゲフィチニブ
胃腸薬：プロトンポンプ阻害薬
免疫抑制剤：シクロスポリン，タクロリムス

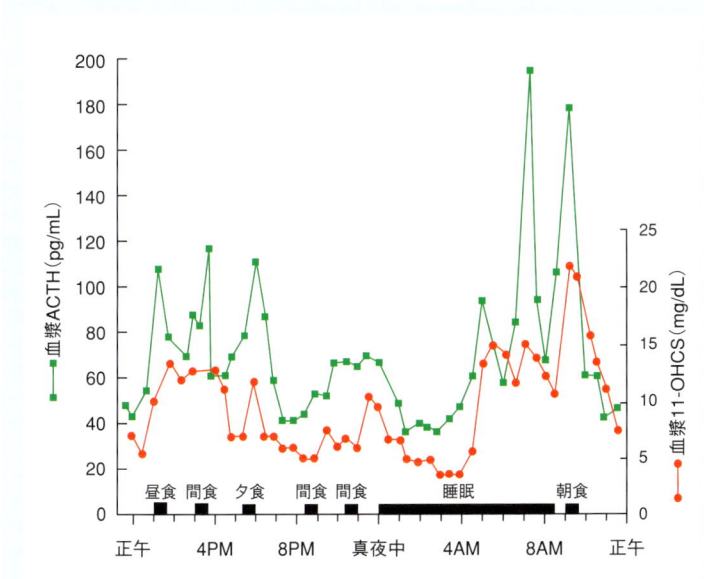

図5 ヒトの血中ACTHと糖質コルチコイドの日内変動
食事によりACTHが上昇し，それに応じてコルチゾールも上昇している。また，深夜から朝にかけて血中糖質コルチコイドが上昇している[18]

P450（CYP）の分子種のうち，CYP3Aを誘導する[14,15]。すなわち，CYP3Aで代謝される薬物は，合成ステロイドにより誘導されたCYP3Aによりその効果が減少してしまう可能性がある。一方，低用量のデキサメサゾン（0.17～0.68mg/kg 1回／日）をイヌに5日間経口投与すると，高用量のときとは反対に肝臓のCYP3Aが抑制されてしまうことが報告された[16]。主にCYP3Aにより分解される薬物を表3に示す。合成ステロイドと併用する場合には注意が必要である。

(G) リバウンド

リバウンドとは，ステロイドの投与を中止した際，症状が投薬開始当時の状態よりもさらに悪化してしまう状態のことである。ステロイド剤を大量に，長期間投与し続けると，副腎が機能性萎縮を起こし，動物の副腎皮質ステロイドの産生能が低下する。この状態でステロイド投与を中止すると，血中の副腎皮質ステロイドレベルは正常値以下となり炎症が悪化してしまう。

糖質コルチコイドの日内変動

ヒトでは，ACTHの血中濃度は摂食時に増加する。これに応ずる形で血中コルチゾールが増加する。また，深夜に低値となり，早朝にピー

表4 イヌの糖質コルチコイド日内変動に関する報告

著者	動物数	採血方法・タイミング	測定項目	日内変動	備考
Campbell & Watts [20]	雌雄雑種25頭	橈側皮静脈 10, 17, 22時	血漿中コルチゾール	10時高い／22時低い	
Rijnberk et al. [28]	雌雄 8 頭 （1〜12歳齢）	掲載なし 3 時間毎に採血	11β-OHCS	（6／8）8 時高い／23時低い （2／8）なし	
Richkind & Edqvist [29]	雌雄グレーハウンド 6 頭10カ月齢	橈側皮静脈 8 時間毎 3 日連続採血	血漿コルチゾール	なし	
Shively et al. [30]	雄雑種 3 頭	橈側皮静脈留置 7:00／19:00に採血	血漿コルチゾール	（2／3）7 時高い （1／3）なし	
Johnston & Mather [31]	雌雄雑種 6 頭	橈側皮静脈 or 頚静脈 3 時間毎に採血	血漿コルチゾール	なし	12L:12D
Murase et al. [21]	雌雄雑種14頭	橈側皮静脈 6 時間毎 3 日連続採血	血清コルチゾール	（4／14）9 時高い／21時低い （6／14）21時高い／3〜15時低い （4／14）なし	
Palazzolo & Quadri [22]	雌ビーグル21頭	橈側皮静脈 or 頚静脈 3 時間毎に採血	血清コルチゾール	3 歳齢：10〜12時高い／20〜24時低い 老齢：なし 8 週齢：なし	
Kemppainen & Sartin [27]	雌雄雑種 9 頭	頚静脈経由で右心房に 留置したカテーテルより 20分毎で25時間採血	血漿コルチゾール ACTH	なし	12L:12D

11β-OHCS：11β-hydroxycorticosteroid
12L:12D：明期と暗期をそれぞれ12時間に設定した実験室内にて測定

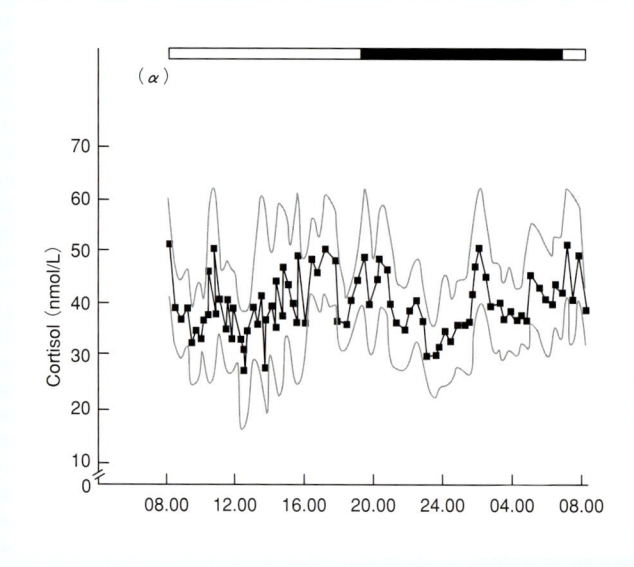

図6 イヌの血中コルチゾール濃度推移
折れ線グラフと曲線はそれぞれ9頭の平均±標準誤差を示す。上のバーに示したように明期・暗期をそれぞれ12時間に設定した [27]

クとなる日内変動がある（図5）[18]。ヒトでステロイドを連日投与する場合，この日内変動を崩さないように投与することで，下垂体−副腎系の抑制が軽減できるというメリットがある。したがって1回投与の場合は朝に，1日2回投与が必要な場合には，朝：夕＝2：1で投与することが望ましいとされている [19]。

一般にイヌはヒトと同様，血中糖質コルチコイドが朝に高値となり，ネコでは夜に高値となるといわれている。したがって，合成ステロイドはイヌでは朝，ネコでは夕方に投与することが望ましいとされている。確かにイヌにおいて朝に血中コルチゾール濃度が高いという報告もある [20]。しかし，朝方に糖質コルチコイドが高い個体と夕方が高い個体，日内変動が認められない個体が混在しているという報告もある [21]。

表5　ネコの糖質コルチコイド日内変動に関する報告

著者	動物数	採血方法・タイミング	測定項目	日内変動	備考
Krieger et al.[23]	11頭	中心静脈カテ留置 4時間毎に採血	17-OHCS	4時高い／8〜16時低い	
Leyva et al.[32]	12頭	右心房カテ留置 2時間毎に採血	血漿コルチゾール	8L:16D　18時高い／12時低い 14L:10D　4時高い／16時低い 24L:0D　6時高い／14時低い	
Scott et al.[24]	雌雄4頭	記載なし 8，15，22時に採血	血清コルチゾール	（3／4）　8時低い／高い時間は 15時（2／3）・22時（1／3） （1／4）　15時低い／8時高い	
Johnston & Mather[25]	雌雄雑種6頭	橈側皮静脈または頚静脈 3時間毎に採血	血漿コルチゾール	なし	12L:12D
Kemppainen & Peterson[26]	雌雄雑種12頭	頚静脈経由で右心房に留置 したカテーテルより20分毎 採血	血漿コルチゾール ACTH	なし	12L:12D

11-OHCS：11-hydroxycorticosteroid
12L:12D：明期12時間：暗期12時間，8L:16D：明期8時間：暗期16時間，14L:10D：明期14時間：暗期10時間，24L:0D：24時間連続照明に設定した実験室内にて測定

表4にイヌの糖質コルチコイドの日内変動を観察した研究報告をまとめた。部屋の照明で明期・暗期をそれぞれ12時間に設定することにより人工的な日内リズムをつくり，その環境下で飼育しているイヌを用いて行った研究や，血中糖質コルチコイドの変動因子であるストレスを極力与えないように，イヌに採血用針を留置して行った研究でも，糖質コルチコイドの日内変動が認められていない（図6）。また，Palazzolo & Quadriの研究では，子犬（8.4週齢），成犬（3歳齢），老齢犬（12歳齢）で血中コルチゾールの血中濃度推移を観察したところ，成犬のみ夜間（20〜22時）に最低値をとり，昼間（10〜12時）に最大となる日内変動があった[22]。ネコでは，8〜16時まで低値を示し，夜にかけて上昇するという報告はある[23, 24]。しかし，明確な日内変動は認められないという報告もある[25, 26]（表5）。

以上のようにイヌ・ネコの糖質コルチコイドの日内変動は，認められたり認められなかったりする。飼い主の生活リズムや，食事やおやつなどを与える回数・時刻も糖質コルチコイドの血中濃度にに影響を及ぼすかもしれない。ヒトで中等量以上のステロイド剤投与が必要な疾患では，日内変動よりもその疾患の治療を優先し，24時間効果を持続させることがある[19]。イヌ・ネコのステロイド治療は，このような事象を踏まえて行う必要がある。

まとめ

合成ステロイドは，様々な疾患に対し高い有効性を示すので，大変有用な薬物である。その反面，目的とする効果以外の作用も有する。期待する薬効と糖質コルチコイドの特性，起こり得る有害作用を常に意識することが，副作用を発現・悪化させないためには必要なことである。また，抗炎症作用や免疫抑制作用を目的とした合成ステロイドの投与は，あくまでも対症療法である。治療上の位置付けを明確にするとともに，飼い主にその旨を十分説明し理解してもらう必要がある。副作用は，普段接している飼い主が見つけることが多い。したがって，多飲多尿など家庭で見つかった変化を飼い主より報告してもらうことも，副作用の早期発見のためには非常に重要である。このような心構えを持つことで，合成ステロイド療法をより一層有効なものとすることができる。

■参考文献
1) Saruta, T., Mechanism of glucocorticoid induced hypertension. Hyperten Res, 1996. 19: p. 1-8.
2) Zagron, G. and M. Weinstock, Maternal adrenal hormone secretion mediates behavioural alterations induced by prenatal stress in male and female rats. Behav Brain Res, 2006. 175（2）: p. 323-8.
3) Toutain, P.L., et al., Pharmacokinetics of methylprednisolone, methylprednisolone sodium

succinate, and methylprednisolone acetate in dogs. J Pharm Sci, 1986. 75（3）: p. 251-5.
4）Olivry, T. and R.S. Mueller, Evidence-based veterinary dermatology: a systematic review of the pharmacotherapy of canine atopic dermatitis. Vet Dermatol, 2003. 14（3）: p. 121-46.
5）Boothe, D. and K. Mealey, Glucocorticoid therapy in the dog and cat, in Small animal clinical pharmacology and therapeutics, D. Boothe, Editor. 2001, W.B. Saunders Company: Philadelphia. p. 313-29.
6）小久江栄一, ステロイド剤との付き合い方. MVM, 2005. 7: p. 6-14.
7）McCaw, D.L., et al., Response of canine mast cell tumors to treatment with oral prednisone. J Vet Intern Med, 1994. 8（6）: p. 406-8.
8）Brightman, A.H., 2nd, Ophthalmic use of glucocorticoids. Vet Clin North Am Small Anim Pract, 1982. 12（1）: p. 33-9.
9）Smith, S., et al., Corticosteroid-associated congestive heart failure in 12 cats. Intern J Appl Res Vet Med, 2004. 2（3）: p. 159-70.
10）Ployngam, T., et al., Hemodynamic effects of methylprednisolone acetate administration in cats. Am J Vet Res, 2006. 67（4）: p. 583-7.
11）Swinney, G.R., et al., Myotonia associated with hyperadrenocorticism in two dogs. Aust Vet J, 1998. 76（11）: p. 722-4.
12）Rewerts, J.M., et al., Atraumatic rupture of the gastrocnemius muscle after corticosteroid administration in a dog. J Am Vet Med Assoc, 1997. 210（5）: p. 655-7.
13）Huang, H.P., et al., Iatrogenic hyperadrenocorticism in 28 dogs. J Am Anim Hosp Assoc, 1999. 35（3）: p. 200-7.
14）Eeckhoudt, S.L., Y. Horsmans, and R.K. Verbeeck, Differential induction of midazolam metabolism in the small intestine and liver by oral and intravenous dexamethasone pretreatment in rat. Xenobiotica, 2002. 32（11）: p. 975-84.
15）Williams, J.A., R.J. Chenery, and G.M. Hawksworth, Induction of CYP3A enzymes in human and rat hepatocyte cultures. Biochem Soc Trans, 1994. 22（2）: p. 131S.
16）Zhang, K., et al., Effect of oral administration of clinically relevant doses of dexamethasone on regulation of cytochrome P450 subfamilies in hepatic microsomes from dogs and rats. Am J Vet Res, 2006. 67（2）: p. 329-34.
17）杉山正康, 薬物動態学的相互作用, in 第1章：薬の相互作用としくみ, 神谷晋大, Editor. 2005, 医歯薬出版：東京. p. 27-185.
18）Katzung, B., 副腎皮質ステロイドと拮抗薬, in カッツング薬理学, 柳澤輝行, et al., Editors. 2002, 丸善株式会社. p. 732-752.
19）佐藤文三, ステロイド薬の投与方法, in ステロイド薬の選び方と使い方, 矢野三郎 and 佐藤文三, Editors, 南江堂. p. 31-38.
20）Campbell, J.R. and C. Watts, Assessment of adrenal function in dogs. Br Vet J, 1973. 129（2）: p. 134-45.
21）Murase, T., M. Inaba, and Y. Maede, Measurement of serum glucocorticoids by high-performance liquid chromatography and circadian rhythm patterns of the cortisol value in normal dogs. Nippon Juigaku Zasshi, 1988. 50（5）: p. 1133-5.
22）Palazzolo, D.L. and S.K. Quadri, The effects of aging on the circadian rhythm of serum cortisol in the dog. Exp Gerontol, 1987. 22（6）: p. 379-87.
23）Krieger, D.T., et al., Abolition of circadian periodicity of plasma 17-OHCS levels in the cat. Am J Physiol, 1968. 215（4）: p. 959-67.
24）Scott, D.W., R.W. Kirk, and J. Bentinck-Smith, Some effects of short-term methylprednisolone therapy in normal cats. Cornell Vet, 1979. 69（1）: p. 104-15.
25）Johnston, S.D. and E.C. Mather, Feline plasma cortisol (hydrocortisone) measured by radioimmunoassay. Am J Vet Res, 1979. 40（2）: p. 190-2.
26）Kemppainen, R.J. and M.E. Peterson, Domestic cats show episodic variation in plasma concentrations of adrenocorticotropin, alpha-melanocyte-stimulating hormone (alpha-MSH), cortisol and thyroxine with circadian variation in plasma alpha-MSH concentrations. Eur J Endocrinol, 1996. 134（5）: p. 602-9.
27）Kemppainen, R.J. and J.L. Sartin, Evidence for episodic but not circadian activity in plasma concentrations of adrenocorticotrophin, cortisol and thyroxine in dogs. J Endocrinol, 1984. 103（2）: p. 219-26.
28）Rijnberk, A. and P.J.d. Kinderen, Investigations on the adrenocortical function of normal and obese dogs. Acta Physiol Pharmacol Neerl, 1967. 14（4）: p. 521.
29）Richkind, M. and L.E. Edqvist, Peripheral plasma levels of corticosteroids in normal beagles and greyhounds measured by a rapid competitive protein binding technique. Acta Vet Scand, 1973. 14（5）: p. 745-57.
30）Shively, C.A., et al., Failure of hydrocortisone to alter acutely antipyrine disposition. Clin Pharmacol Ther, 1978. 23（4）: p. 408-13.
31）Johnston, S.D. and E.C. Mather, Canine plasma cortisol (hydrocortisone) measured by radioimmunoassay: clinical absence of diurnal variation and results of ACTH stimulation and dexamethasone suppression tests. Am J Vet Res, 1978. 39（11）: p. 1766-70.
32）Leyva, H., L. Addiego, and G. Stabenfeldt, The effect of different photoperiods on plasma concentrations of melatonin, prolactin, and cortisol in the domestic cat. Endocrinology, 1984. 115（5）: p. 1729-36.

Tea break　くすりのよもやま話 ③

スイッチOTC／ダイレクトOTC

　OTCとはOver The Counterの略であり，カウンター越しに購入することのできる，すなわち薬局などの施設で購入できる薬物のことを指す。OTCは，多種の有効成分が含まれる配合剤である場合が多く，有効成分の含有量は医療用医薬品よりも少ないものが多い。一方スイッチOTCは，医師の判断がなければ使用できなかった医療用医薬品の中で，安全性が高いと判断され薬局でも購入できるようになった（スイッチした）医薬品である。安全性が重視されていた従来のOTCに加え，スイッチOTCの登場により高い効果を有する薬物も薬局で手に入れることができるようになった。胃腸薬のH_2ブロッカーや，湿布などの外用剤として使用されているインドメタシン（最近ではジクロフェナク）がこれに当たる。薬局での売り上げの大きな割合を占めてきているため，今後もスイッチOTCが増えていくことが予想される。セルフメディケーションの幅が広がっていくことは間違いない。

　ダイレクトOTCとは，新薬にもかかわらず医療用医薬品という段階を経ずに直接（ダイレクトに）OTC薬として承認されたものである。例えば発毛剤のリアップがある。

　登録販売者は，実務経験を経て試験に合格すれば取得することのできる一般用医薬品販売の資格である。この資格があれば，薬局などの施設において安全性の高い第2類，第3類医薬品の販売に従事することができる。しかし，副作用で健康被害が生ずるおそれのある医薬品として注意が必要な医薬品や，新規の一般用医薬品は第1類医薬品に属し，薬剤師が常駐する薬局などの施設でしか販売できない。新規に販売されるダイレクトOTCとスイッチOTCは，第1類医薬品に属するため登録販売者は取り扱いができない。

chapter 4
非ステロイド性抗炎症薬(NSAIDs)の作用と副作用

●はじめに

　非ステロイド性抗炎症薬(NSAIDs)は，小動物臨床で最も使用される薬物のひとつである。その歴史は古く，現在では多くのNSAIDsが利用されている。本章では，はじめにNSAIDsの起源と薬効メカニズムを説明し，考えられる副作用の可能性について述べる。次に各薬物についての特徴と，報告されている作用・副作用のエビデンスを紹介する。

●NSAIDsの起源

　湿地帯に茂るセイヨウシロヤナギの葉を煎じたものは，痛風やリウマチ，神経痛，歯痛などの痛み止めとして効果があることが，ギリシャ時代には知られていた。その成分の単離抽出が試みられ，1819年にサリシンが分離された。1827年にはバラ科のセイヨウナツユキソウの葉から純度の高いサリシンの結晶を得ることに成功した。その後，分解産物であるサリチル酸が利用されるようになった。サリチル酸は胃粘膜刺激作用が強いため，アセチル化したアセチルサリチル酸，いわゆるアスピリンが世界初の合成新薬として誕生し，バイエル社が1899年に商標登録した。現在はOTC薬(over-the-counter：カウンター越しに買える薬物＝薬局で入手可能な薬物)として日本でも利用できることはご存じのとおりである。アスピリンは，慢性関節リウマチや疼痛，発熱に対して有効である一方，胃粘膜刺激作用が強く，胃潰瘍を引き起こすこともある。そこでアスピリンを基に抗炎症作用，鎮痛解熱作用の強い薬物が，精力的に開発されてきた。

●NSAIDsの薬効メカニズム

抗炎症作用

　細胞が熱や外傷，放射線などの物理的有害刺激や化学的有害刺激を受けると，ホスホリパーゼA_2の作用により，細胞膜の構成成分であるリン脂質よりアラキドン酸が遊離される(図1)。アラキドン酸は，リポキシゲナーゼによりロイコトリエン(LT)類に変換される。LT類は毛細血管の透過性を亢進し，好中球の凝集，脱顆粒，内皮への接着の引き金となる走化性物質としての役割を担っている。一方，アラキドン酸は，シクロオキシゲナーゼ(COX)によりプロスタグランジン(PG)G_2，PGH_2に変換される。PGE_2は，発熱，発痛，炎症に深くかかわっている(図1)。これらの炎症メカニズムのうち，NSAIDsはCOXを抑制することでPG類，トロンボキサン(TX)合成を抑制し，抗炎症作用を発揮する(図1)。

> **note　合成ステロイドとNSAIDs**
>
> 　合成ステロイドは，ホスホリパーゼA_2とCOXを抑制する(図1，本書chapter 3「ステロイド剤の作用と副作用」参照)。NSAIDsと薬効メカニズムが一部共通であるため，合

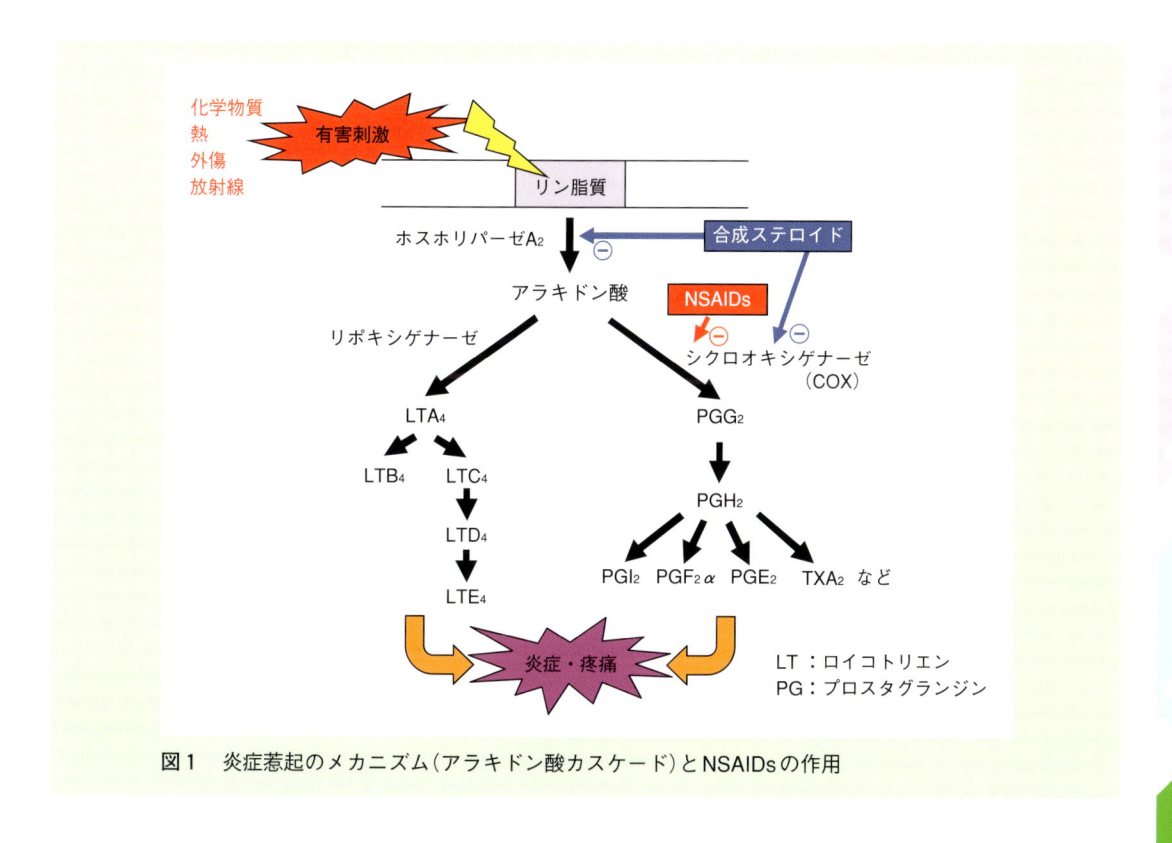

図1　炎症惹起のメカニズム（アラキドン酸カスケード）とNSAIDsの作用

成ステロイドとNSAIDsの併用では副作用が増強する可能性が非常に高い。具体的には，胃潰瘍や便潜血，食欲不振，嘔吐などの消化器症状が出現し，腎血流や糸球体濾過率の低下など腎臓に対しても悪影響を及ぼす[1]。したがって，合成ステロイドとNSAIDsの併用は禁忌である。

NSAIDsの解熱作用

動物は，視床下部の体温調節中枢にある温受容ニューロンと冷受容ニューロンの働きにより熱放散と熱産生のバランスをとり，体温を決定している。発熱は，図2に示すメカニズムで引き起こされる。病原菌などの外因性発熱物質や，組織の壊死片などを，単球やマクロファージなどの免疫担当細胞が貪食すると，インターロイキン1（IL-1）などの内因性発熱物質を放出する。内因性発熱物質の情報が脳に達することで，PG類（PGE_2など）の産生が促進する。このPG類が視床下部の体温調節中枢に作用して，熱放散の抑制と熱産生の促進が起こり，体温のセットポイントが上昇する。NSAIDsは，PG合成を抑制することにより体温のセットポイントの上昇を抑制し，解熱作用を発揮する。

鎮痛作用

組織損傷によりブラジキニンなどの発痛物質が産生される。ブラジキニンは，痛覚受容器を刺激し疼痛を惹起する。一方，刺激部位で合成されたPGE_2やプロスタサイクリン（PGI_2）（図1）は，痛覚受容体の感受性を高め，痛みを増幅させる。NSAIDsは，PG類の産生を抑制することにより鎮痛作用を発揮する（図3）。

● COX-1とCOX-2

1990年代にCOXの2つのアイソザイム，すなわち体内の正常組織に広く発現して生体機能に重要な役割を果たすCOX-1（構成型）と，炎症性の刺激により，主に炎症組織で一過性に誘導

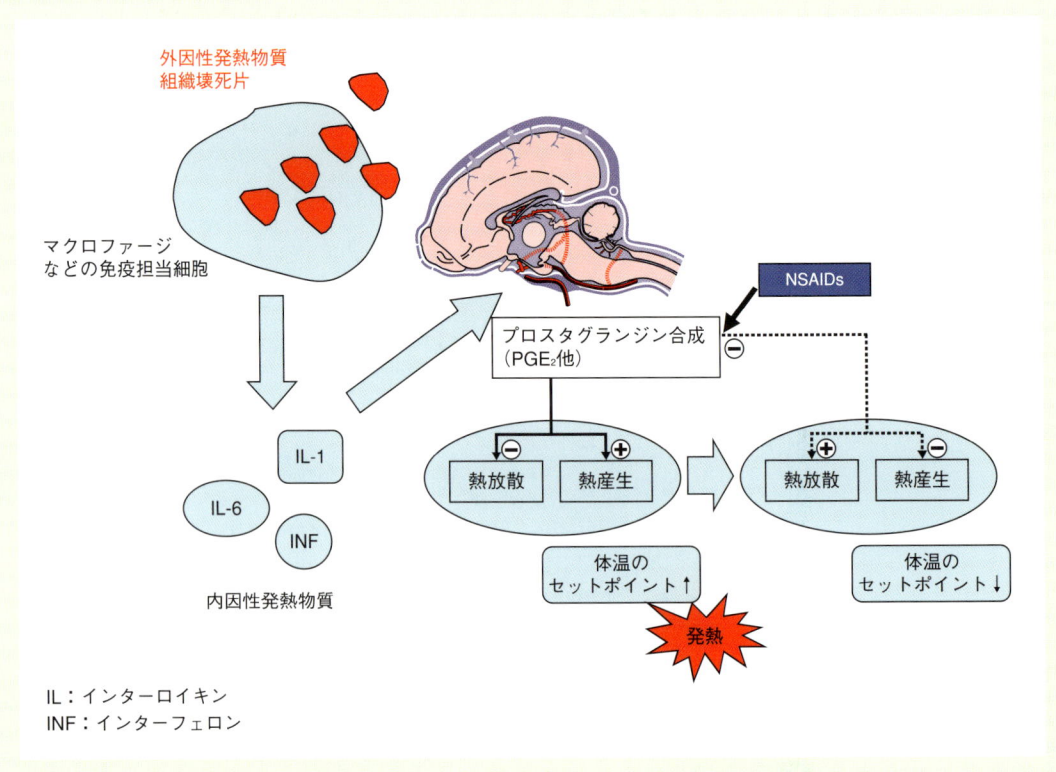

図2　発熱のメカニズムとNSAIDsの作用

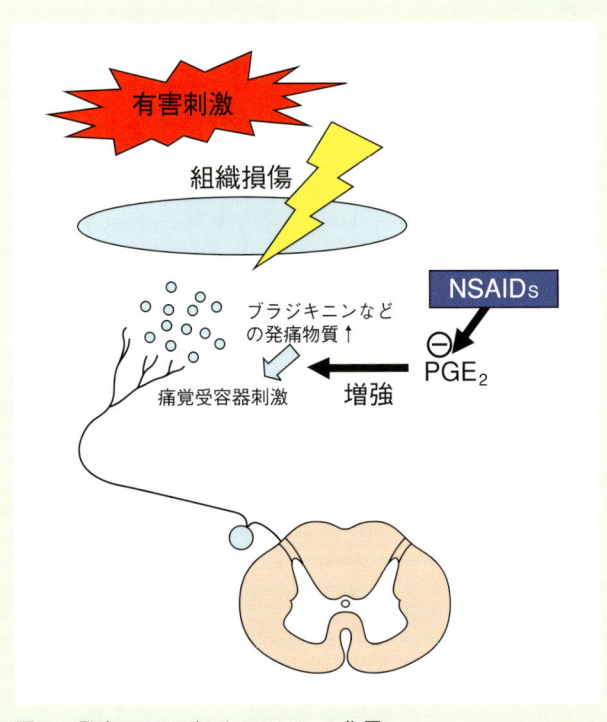

図3　発痛メカニズムとNSAIDsの作用

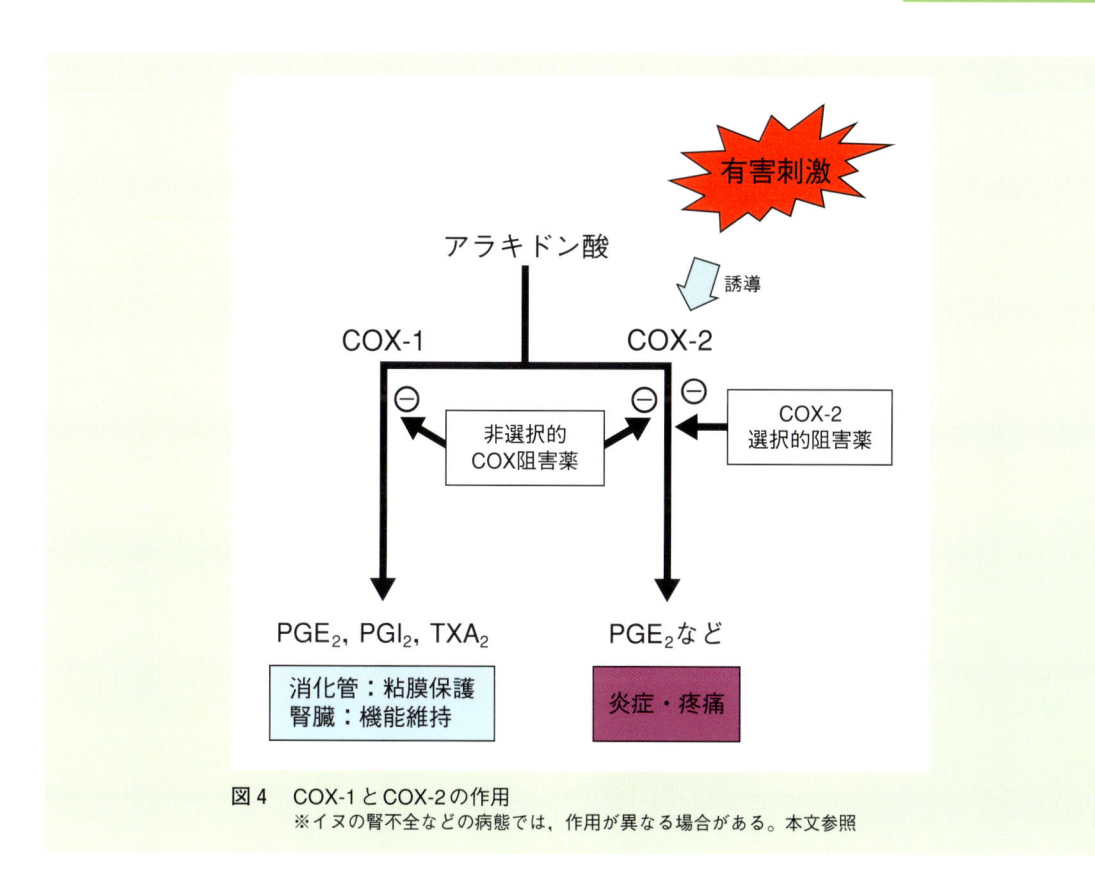

図4　COX-1とCOX-2の作用
※イヌの腎不全などの病態では，作用が異なる場合がある．本文参照

されるCOX-2（誘導型）があることが明らかになった．具体的には，COX-1は，消化器や腎臓，血液に存在し，粘膜保護や血流量維持など生理的に必要とされているPG合成に関与している（図4）．一方COX-2は炎症部位に発現しており，合成されたPGは痛みや浮腫，発熱，炎症に関与している（図4）．NSAIDsのうち，COX-2を選択的に阻害する薬物は，胃粘膜などの恒常性維持に重要であるCOX-1活性には影響を与えず，炎症部位におけるCOX-2由来のPG産生のみを阻害するため，消化器傷害などの副作用が少ないと考えられている．

NSAIDsのCOX-1/COX-2選択性

NSAIDsには，COX-1とCOX-2両方を同程度抑制するものや，COX-1あるいはCOX-2を選択的に抑制するものがある．ヒトの研究で明らかになったNSAIDsのCOX-1/COX-2の選択性は，イヌ・ネコの選択性とは必ずしも一致しない．例えば，エトドラクは，ヒトではCOX-2を選択的に抑制するが[2]，イヌではCOX-1を選択的に抑制するという報告がある[3]．イヌおよびネコにおけるNSAIDsのCOX-1/COX-2選択性について，現在までに報告されているものを表1にまとめた．数値は，IC_{50}（各薬物がCOX-1とCOX-2の作用を50％抑制するために必要な薬物濃度）の比として示している．値が高いほどCOX-2の選択性が高い薬物であり，低ければCOX-1への選択性が高い薬物である．またこの比が1前後の薬物は，COX-1とCOX-2を同程度抑制する．

なお，これらの結果は血液を用いた研究で得られたものであり，評価方法も各研究機関で一致していない．したがってここに示すCOX選択性は，生体内ひいては症例でも同じであるかは不明であるので，参考値として捉えて頂きたい．

表1 NSAIDsのCOX-1に対するCOX-2選択性

	イヌ	ネコ
フィロコキシブ	384[4]	58[5]
デラコキシブ	12[4]	
セレコキシブ	9[6]	
カルプロフェン	1.75[7]　5.6[8]　6.5[6]　7[4]　16.8[3]　129[9]	5.5[6]　25.6[10]
ピロキシカム	1.9[8]　2.03[3]	
メロキシカム	2.72[3]　2.9[9]　10[6]　12.27[7]	3.05[10]
ニメスリド	8.3[8]　38.0[9]	
メクロフェナミック酸	4.8[8]　5.06[3]　15.4[9]	
トルフェナミック酸	14[8]　15.0[9]	
フェニルブタゾン	0.6[6]　>2.64[9]　9.74[3]	
エトドラク	0.517[9]　0.53[3]　6.3[9]	
ジクロフェナク	1[6]　3[8]	
ケトプロフェン	0.17[3]　0.232[9]　0.36[7]　0.57[8]　0.6[6]	
イブプロフェン	0.74[3]	
インドメタシン	1.7[8]　4[6]	
アスピリン	<0.343[9]　0.388[3]　0.4[8]	

表2 COX-1およびCOX-2の腎臓における局在性の種差[13]

COX-1	イヌ	ヒト	サル	ラット
腎血管（動脈・静脈・細動脈）	+	+	+	+
集合管	+++	++	++	+++
間質細胞	−	+	+	+
COX-2				
糸球体	−	+	+	−
上行脚	+(+++)	−	−(−)	+(+++)
緻密斑	+(+++)	−	−(−)	+(+++)
間質細胞	+	−	−	+
腎血管（動脈・静脈・細動脈）	±	+	+	+

−，±，+，++，+++は，免疫組織染色の程度を示す。カッコ内は，血液量が減少した動物でのCOX-2の免疫組織染色の結果である。血液量が減少すれば，イヌ，ラットでは，COX-2量が増加する。しかしサルでは，このような現象は認められない

●消化器におけるCOXの役割

COXで合成されるPGは，炎症，疼痛に密接に関係している一方で，各臓器で非常に重要な生理的役割を果たしている。消化器では，COX-1のPG合成能は消化器全体に存在し，その順位は，胃平滑筋＞胃粘膜＞結腸＞直腸＞回腸＞盲腸＞十二指腸＞空腸＞食道の順である[11]。合成されたPGは，以下の3つのメカニズムにより粘膜保護作用に関与している。
（1）壁細胞からの胃酸分泌抑制

（2）胃粘膜の血管拡張作用による血流量増加と胃組織の健全性の維持
（3）粘膜傷害に対する保護作用に重要な役割を果たしているといわれている胃上皮細胞や平滑筋の粘液，重炭酸イオン分泌促進作用

このPGの粘膜保護の観点から，NSAIDsの副作用である消化器傷害を抑制するためには，COX-1は抑制しない方がよい，と考えられている。

表3　イヌおよびネコにおける各NSAIDsの投与量，投与間隔[26]

	イヌ	ネコ
アスピリン	10〜25 mg/kg PO q12h	10 mg/kg PO q48h
エトドラク	10〜15 mg/kg PO q24h*	
カルプロフェン	2.0〜2.2 mg/kg PO q12h	2.0〜2.2 mg/kg PO q12h（2日を限度）
ケトプロフェン	2 mg/kg PO q24h → 1 mg/kg PO q24h（2日目〜） PO：1 mg/kg q24h，5日を上限（運動器疾患の炎症・疼痛緩和）[41] PO：0.25 mg/kg q24h，5日を上限（変形性関節症に伴う慢性疼痛緩和）[41]	2 mg/kg PO q24h → 1 mg/kg PO q24h（2日目〜） PO：1 mg/kg q24h，5日を上限[33] SC：2 mg/kg q24h，3日を上限[33]
メロキシカム	0.2 mg/kg PO q24h → 0.1 mg/kg PO q24h（食物内：2日目〜）	0.2 mg/kg PO q24h（1日目） → 0.1 mg/kg PO q24h（食物内：2日目） → 0.025 mg/kg PO 2〜3回/週（3日目〜）
ピロキシカム	0.3 mg/kg PO q48h[27]	
デラコキシブ	1〜2 mg/kg PO q24h	
フィロコキシブ	5 mg/kg PO q24h**	

PO：経口投与，SC：皮下投与
qXXh：XX時間毎に投与
*：体重5 kg未満では適切な用量決定が困難である[27]
**：体重3 kg以上，10週齢以上が対象

腎臓におけるCOXの役割

COX-1は腎臓内の各所に存在しており，合成されるPGは血管運動や塩分・水分バランス，レニン分泌に重要な役割を果たしている[12]（表2）。またCOX-2は，炎症により誘導される一方で，正常動物の腎臓にも存在し，生理的役割を果たしていることが示唆されている。表2に示すように，COX-2の腎臓内局在性には非常に大きな種差がある。さらに血液量が減少した場合，イヌではCOX-2量が増加するが，サルでは増加は認められない。したがって，獣医臨床の現場でのNSAIDsの腎機能に対する作用・副作用を予測する場合，ヒトの治験や疫学調査，ラットを用いた基礎研究の成果が，すべて参考になるとは限らない。

腎臓に対するNSAIDsの副作用の可能性

前述したようにCOX-1およびCOX-2は，イヌの腎臓内の各部位に局在している[13, 14]。COX-1およびCOX-2を十分に抑制する用量のナプロキセンは，サルの腎臓には影響を与えないが，イヌでは尿細管萎縮や間質の線維化，腎乳頭壊死を引き起こした[14, 15]。COX-2を選択的に抑制するNSAIDであるニメスリドを正常犬に投与すると，尿量，ナトリウム尿中排泄量が減少し，さらにナトリウム摂取を制限したイヌでは，血圧を上昇させるとともに腎血流量の低下ならびに腎糸球体濾過率の減少を引き起こした[16]。以上のエビデンスより，COX-1およびCOX-2を非選択的に抑制するNSAIDsだけでなく，COX-2を選択的に抑制するNSAIDsでも，腎臓に対して副作用を惹起する可能性があり，ナトリウムあるいは水分摂取が制限された状態では増悪する可能性が高い[17]。

なお，ネコの腎臓におけるCOX-1およびCOX-2の局在性やNSAIDsの影響は不明である。

NSAIDsの抗腫瘍作用

疫学調査によりNSAIDsを日常的に服用しているヒトは，結腸や肺などの癌発生のリスクが低下していることが分かっている[18]。腫瘍細胞ではCOX-2発現が増加しており，NSAIDsがこのCOX-2を抑制することで増殖抑制に働いているといわれている。イヌの上皮性腫瘍（口腔扁平上皮癌，乳癌，前立腺癌）において，その半数以上でCOX-2が存在し，PG（特にPGE$_2$）が過剰

に発現していた[19,20]。この観点から，イヌにおいてNSAIDsが抗腫瘍作用を発揮する可能性が示唆されている。実際にメロキシカムやピロキシカムを培養液中に添加すると，骨肉腫やリンパ腫，乳癌細胞の増殖を抑制する[21,22]。しかし，有効性を発揮するためには，非常に高い濃度の薬物が必要であるため，NSAIDsのイヌにおける抗腫瘍作用にはさらなる研究が必要である。

ネコの口腔扁平上皮癌および膵臓腺癌でCOX-2が強く発現している症例は，それぞれ9〜18%[23,24]および25%[25]であった。一方で皮膚扁平上皮癌や乳腺腺癌，肺腺癌，腸腺癌，リンパ腫ではCOX-2の発現が認められていない[23]。したがって，NSAIDsのネコにおける抗腫瘍効果は期待できるが，有効な薬物や，薬物治療に反応する症例や腫瘍のタイプについては，今後の研究成果を待つ必要がある。

● 各NSAIDsの特徴

国内・国外で，獣医療で認可あるいは医薬品として販売されているNSAIDsについて，消炎・鎮痛・解熱作用以外の特徴も含め説明した。最初に薬物の一般的な特徴について，引き続きイヌあるいはネコ特異的な特徴について記した。各薬物の投与用量は，Curryらの方法を基に表3にまとめ[26]，反復投与日数の上限については，報告のあるもののみを載せた。

アスピリン（アセチルサリチル酸）

ヒトで解熱薬として風邪，感冒などに，鎮痛薬として頭痛，歯痛，関節痛に用いられている最もポピュラーなNSAIDである。血小板のCOX-1は，アラキドン酸を凝固ならびに血管収縮に関与しているトロンボキサンA_2に変換する。アスピリンは，COX-1に比較的選択性が高く（表1），非可逆的に阻害する。そのため，血小板でのトロンボキサンA_2を抑制し抗凝固作用を発揮する。この作用が，アスピリンのヒトでの心筋梗塞抑制作用の理論的根拠となってい

る。

[イヌ]

半減期は，7.5〜12.2時間であるが，尿アルカリ化により排泄が促進される。尿路結石治療のサポートとして使用されるヒルズのu/d®などの処方食は尿をアルカリ化させるので，アスピリンの血中半減期が短くなる可能性が考えられる。

[ネコ]

アスピリンは主にグルクロン酸抱合を受ける。ネコではこの肝酵素は乏しいため，アスピリンの代謝は遅い。半減期は，5〜12mg/kgでは22〜27時間であり，25mg/kgでは45時間と，用量依存性に長くなる。

エトドラク（オステラック®，ハイペン®）

消炎鎮痛作用の強いNSAIDである。COX-2選択性が高いという報告と，COX-1選択性が高いという報告がある[26,27]（表1）。PG産生抑制作用のほかに，マクロファージの走化性の抑制作用があり，これもエトドラクの抗炎症メカニズムのひとつと考えられている[28]。エトドラクは，主に肝臓で代謝・排泄される。したがって，肝不全の動物では血中濃度が過度に上昇する可能性があるため，注意して投与する必要がある。また，嘔吐や下痢，食欲不振などの消化器徴候や低蛋白血症を引き起こす可能性がある。

[イヌ]

経口投与後速やかに吸収され，30〜60分後には血中濃度がピークに達する[29]。胆汁内に排泄された後，腸肝循環により効果が10〜14時間持続するため，1日1回投与でも有効である。

エトドラクは，イヌの変形性関節症に対し有効であることが確認されているが[11]，高用量では消化器潰瘍などNSAIDs特有の副作用が現れるので，注意が必要である。また，アメリカの動物用医薬品センターに報告されたエトドラク

が関連すると思われる副作用報告1,169例のうち，72例が乾性角結膜炎であった。投与開始から6日〜18カ月（3〜12カ月が多い）で発症している。したがって，投薬中は眼瞼痙攣や結膜充血，粘液性の眼漏の有無を確認し，涙量をモニターする必要がある[30]。

カルプロフェン（リマダイル®）

日本では，経口剤と注射剤のイヌでの使用が承認されている。カルプロフェンは，COX-2を選択的に抑制するため，長期的な反復投与が可能である。注射剤は，手術後の疼痛コントロールや経口投与ができない症例に有用である。COX-2選択性の高さがひとつの要因と考えられるが，他のNSAIDsより消化器への副作用が少ないという報告がある[26]（表1）。

[イヌ]

経口投与後の半減期は，11.7±3.1時間であり，注射剤も同様である[26]。イヌの変形性関節症の臨床徴候に対しては，2回/日投与で緩解することが報告されている。また，推奨用量の5倍のカルプロフェンを6週間反復投与しても重大な副作用は認められなかった[11]。

このように安全性が高いにもかかわらず，推奨用量のカルプロフェンを投与されたイヌで肝壊死の発症が報告されている。食欲不振，嘔吐，黄疸などの徴候とともに高ビリルビン血症，ALP，ALT，ASTの上昇が認められていた[31]。報告された21症例中13症例がラブラドール・レトリーバーであったが，犬種特異性があるか否かは不明である。

イヌが過量摂取してしまった場合，活性炭を経口投与することで，血中濃度の上昇を抑制できる場合がある。これは，消化管内の活性炭が薬物を吸着することで生体への吸収を抑制し，腸肝循環を遮断するためである[32]。過量投与時の処置として有効である可能性が高い。

[ネコ]

卵巣子宮摘出手術時の鎮痛剤として有効である。イギリス，フランス，ドイツ，オランダなど各国において，手術前後の疼痛コントロールのため4mg/kg，1回の注射剤投与が認められている。

静脈内投与および皮下注射後のカルプロフェンの半減期は，イヌの約2倍の20（9〜49）時間である。その効力はケトプロフェンやメロキシカムと同様であり，ブトルファノールより有効性が高かった。また，整形外科においてはブプレノルフィンより有効性が高いという報告もある[33]。

経口投与の有効性／安全性は確立されていない。イヌの推奨用量（2.2mg/kg bid）を反復経口投与したネコにおいて十二指腸穿孔が報告されている[34]。

ケトプロフェン（ケトフェン®）

経口剤と注射剤があり，強力な消炎鎮痛解熱作用を有する。COX阻害作用とともにリポキシゲナーゼ阻害作用もあわせ持つ。また，発痛物質のブラジキニンを抑制する[27]。COX-2にくらべCOX-1を選択的に阻害するため（表1），消化器傷害や血小板凝固抑制作用に注意が必要である。

[イヌ]

経口投与後1時間以内に血中濃度が最高となり，半減期は約1.6時間である[33]。坐剤は，消化器傷害を防ぐために有用な剤形である。イヌでは経口投与剤にくらべ吸収が遅く，最大血中濃度は80％ほどである[35]。坐剤の獣医臨床での有用性は明らかになっていない。

[ネコ]

ヨーロッパやオーストラリア，カナダでは，5日を上限として反復経口投与（1mg/kg q24h），3日を限度として皮下投与（2mg/kg q24h）での使用が承認されている。発熱に対し

抗生物質と同時に投与すると，抗生物質単独にくらべ早く回復し，解熱作用は8〜24時間持続する[33]。カルプロフェンと同様，卵巣子宮摘出手術後の鎮痛効果も確認されている。また，慢性疼痛性の跛行など運動障害を呈するネコ26頭の臨床試験において，ケトプロフェン1 mg/kg 1回/日，5日間の経口投与で歩様や炎症の改善が認められている。副作用は1頭において嘔吐が認められたのみであった[36]。なおこの試験において，胃粘膜出血の有無については調べられていない。

メロキシカム（メタカム®）

COX-2選択性が高いため，安全性は高い。しかし，高用量ではCOX-1抑制作用が強くなるため選択性は低くなる。したがって，消化器傷害などの副作用は高用量で起こりやすい。錠剤のほかに，動物用として経口懸濁液や注射液がある。

[イヌ]

経口投与でよく吸収され，食物は吸収に影響を与えない。経口投与後血中濃度がピークに達するまで7〜8時間を要し，血中半減期は24時間である。関節炎による慢性の痛みを抑制し，運動障害を改善する。手術後の疼痛管理にも有用である[26]。

[ネコ]

皮下投与後約2時間で血中濃度がピークに達し，半減期は約15時間である。卵巣子宮摘出手術時の疼痛や慢性疼痛に対して有効性を示す[33]。慢性疼痛により跛行などの運動障害を呈するネコ43頭の臨床試験において，メロキシカム0.3mg/kg（1日目），0.1mg/kg（2〜5日目）の1回/日経口投与で歩様や炎症の改善が認められている。副作用は，1頭で嘔吐，他の1頭で吐気が認められたのみであったが，胃粘膜出血の有無など消化器に対する作用は観察していない[36]。

ピロキシカム（バキソ®）

COX-2選択性が高くない薬物であるため，COX-1抑制作用による消化器傷害には注意が必要である。抗がん剤と同時に投与すると，相加あるいは相乗的に抗腫瘍作用を発揮する。

[イヌ]

経口投与後速やかにほぼ完全に吸収され，半減期は37〜40時間である。抗炎症作用および免疫調節作用による，腫瘍の退縮作用を有する。

[ネコ]

半減期は静脈内投与および経口投与でそれぞれ12および13時間であり，イヌの半分以下である。7頭のネコにピロキシカム0.3mg/kgを1回/日，10日間反復経口投与した実験において，すべてのネコで副作用の徴候は認められなかったが，4頭でマイルド〜深刻なびらんが認められたという報告がある[37]。

フィロコキシブ（プレビコックス®）

コキシブ系のNSAIDsは，COX-2を特異的に抑制する（表1）。したがって，消化器傷害などの副作用が少ない。フィロコキシブは日本で認可されている薬物であり，他のコキシブ系NSAIDs同様COX-2を特異的に抑制する[38]（表1）。

[イヌ]

218例のイヌ関節炎症例においてフィロコキシブ（5 mg/kg PO q24h）とカルプロフェン（4 mg/kg PO q24h）の30日間反復投与の作用・副作用を比較した臨床研究では，疼痛や関節の腫脹，可動範囲は，両薬物で同等に改善していた。一方で，獣医師による歩様の評価および飼い主による薬効評価では，フィロコキシブの方が有意に改善していた[39]。副作用を評価した研究では，6頭の正常犬にフィロコキシブ5 mg/kgを1回/日で29日間反復投与した場合でも，便潜血は認められず，食道から十二指腸までの内視鏡検査でも異常は認められなかった[40]。

以上のようにフィロコキシブは，効力，安全性ともに優れたNSAIDsである。2007年に発売された比較的新しい薬であるため，関節炎以外の適用疾患については今後の臨床試験で明らかとなるだろう。

●おわりに

NSAIDsの消炎・鎮痛・解熱作用のメカニズムとCOX，副作用について概説し，各薬物の特徴を述べた。副作用や抗腫瘍作用など，現在でもNSAIDsについて新しい臨床および基礎研究成果が報告されている。またCOX-2を特異的に抑制するコキシブ系など新しい薬物も開発されている。人医療においては，一酸化窒素（NO）遊離型NSAIDsが，消化器傷害などの副作用が少ない薬物として注目を浴びている[42]。NSAIDsは古くからある薬物ではあるが，今後も常に新しい情報を取り入れていく必要がある。

■参考文献

1) Narita T et al., The interaction between orally administered non-steroidal anti-inflammatory drugs and prednisolone in healthy dogs. J Vet Med Sci, 2007. 69: 353-63.
2) Cryer B and Feldman M, Cyclooxygenase-1 and cyclooxygenase-2 selectivity of widely used nonsteroidal anti-inflammatory drugs. Am J Med, 1998. 104: 413-21.
3) Streppa HK et al., Cyclooxygenase selectivity of nonsteroidal anti-inflammatory drugs in canine blood. Am J Vet Res, 2002. 63: 91-4.
4) McCann ME et al., In vitro effects and in vivo efficacy of a novel cyclooxygenase-2 inhibitor in dogs with experimentally induced synovitis. Am J Vet Res, 2004. 65: 503-12.
5) McCann ME et al., In vitro effects and in vivo efficacy of a novel cyclooxygenase-2 inhibitor in cats with lipopolysaccharide-induced pyrexia. Am J Vet Res, 2005. 66: 1278-84.
6) Brideau C et al., In vitro effects of cyclooxygenase inhibitors in whole blood of horses, dogs, and cats. Am J Vet Res, 2001. 62: 1755-60.
7) Kay-Mugford P et al., In vitro effects of nonsteroidal anti-inflammatory drugs on cyclooxygenase activity in dogs. Am J Vet Res, 2000. 61: 802-10.
8) Wilson JE et al., Determination of expression of cyclooxygenase-1 and -2 isozymes in canine tissues and their differential sensitivity to nonsteroidal anti-inflammatory drugs. Am J Vet Res, 2004. 65: 810-8.
9) Ricketts AP et al., Evaluation of selective inhibition of canine cyclooxygenase 1 and 2 by carprofen and other nonsteroidal anti-inflammatory drugs. Am J Vet Res, 1998. 59: 1441-6.
10) Giraudel JM et al., Development of in vitro assays for the evaluation of cyclooxygenase inhibitors and predicting selectivity of nonsteroidal anti-inflammatory drugs in cats. Am J Vet Res, 2005. 66: 700-9.
11) Clark TP, The clinical pharmacology of cyclooxygenase-2-selective and dual inhibitors. Vet Clin North Am Small Anim Pract, 2006. 36: 1061-85, vii.
12) Cheng HF and Harris RC, Renal effects of non-steroidal anti-inflammatory drugs and selective cyclooxygenase-2 inhibitors. Curr Pharm Des, 2005. 11: 1795-804.
13) Khan KN et al., Interspecies differences in renal localization of cyclooxygenase isoforms: implications in nonsteroidal antiinflammatory drug-related nephrotoxicity. Toxicol Pathol, 1998. 26: 612-20.
14) Sellers RS et al., Interspecies differences in the nephrotoxic response to cyclooxygenase inhibition. Drug Chem Toxicol, 2004. 27: 111-22.
15) Silverman LR and Khan KN, "Have you seen this?" Nonsteroidal anti-inflammatory drug-induced renal papillary necrosis in a dog. Toxicol Pathol, 1999. 27: 244-5.
16) Rodriguez F et al., Renal changes induced by a cyclooxygenase-2 inhibitor during normal and low sodium intake. Hypertension, 2000. 36: 276-81.
17) Stokes JE and Forrester SD, New and unusual causes of acute renal failure in dogs and cats. Vet Clin North Am Small Anim Pract, 2004. 34: 909-22, vi.
18) Farrow DC et al., Use of aspirin and other nonsteroidal anti-inflammatory drugs and risk of esophageal and gastric cancer. Cancer Epidemiol Biomarkers Prev, 1998. 7: 97-102.
19) Mohammed SI et al., Expression of cyclooxygenase-1 and 2 in naturally-occurring canine cancer. Prostaglandins Leukot Essent Fatty Acids, 2004. 70: 479-83.
20) Queiroga FL et al., Expression of Cox-1 and Cox-2 in canine mammary tumours. J Comp Pathol, 2007. 136: 177-85.
21) Knottenbelt C et al., The in vitro effects of piroxicam and meloxicam on canine cell lines. J Small Anim Pract, 2006. 47: 14-20.
22) Wolfesberger B et al., Antineoplastic effect of the cyclooxygenase inhibitor meloxicam on canine osteosarcoma cells. Res Vet Sci, 2006. 80: 308-16.
23) Beam SL et al., An immunohistochemical study of cyclooxygenase-2 expression in various feline neoplasms. Vet Pathol, 2003. 40: 496-500.
24) DiBernardi L et al., Study of feline oral squamous cell carcinoma: potential target for cyclooxygenase inhibitor

24) treatment. Prostaglandins Leukot Essent Fatty Acids, 2007. 76: 245-50.
25) Newman SJ and Mrkonjich L, Cyclooxygenase-2 expression in feline pancreatic adenocarcinomas. J Vet Diagn Invest, 2006. 18: 590-3.
26) Curry SL et al., Nonsteroidal antiinflammatory drugs: a review. J Am Anim Hosp Assoc, 2005. 41: 298-309.
27) Boothe D, Anti-inflammatory Drugs, ed. D. Boothe. 2001, Philadelphia: W.B. Saunders. 281-311.
28) Gervais F et al., The effect of the non-steroidal anti-inflammatory drug Etodolac on macrophage migration in vitro and in vivo. J Immunopharmacol, 1984. 6: 205-14.
29) Cayen MN et al., The metabolic disposition of etodolac in rats, dogs, and man. Drug Metab Rev, 1981. 12: 339-62.
30) Klauss G et al., Keratoconjunctivitis sicca associated with administration of etodolac in dogs: 211 cases（1992-2002）. J Am Vet Med Assoc, 2007. 230: 541-7.
31) MacPhail CM et al., Hepatocellular toxicosis associated with administration of carprofen in 21 dogs. J Am Vet Med Assoc, 1998. 212: 1895-901.
32) Raekallio MR et al., Effects of urine alkalization and activated charcoal on the pharmacokinetics of orally administered carprofen in dogs. Am J Vet Res, 2007. 68: 423-7.
33) Lascelles BD et al., Nonsteroidal anti-inflammatory drugs in cats: a review. Vet Anaesth Analg, 2007. 34: 228-50.
34) Runk A et al., Duodenal perforation in a cat following the administration of nonsteroidal anti-inflammatory medication. J Am Anim Hosp Assoc, 1999. 35: 52-5.
35) Schmitt M and Guentert TW, Biopharmaceutical evaluation of ketoprofen following intravenous, oral, and rectal administration in dogs. J Pharm Sci, 1990. 79: 614-6.
36) Lascelles BD et al., Evaluation of the clinical efficacy of meloxicam in cats with painful locomotor disorders. J Small Anim Pract, 2001. 42: 587-93.
37) Heeb HL et al., Multiple dose pharmacokinetics and acute safety of piroxicam and cimetidine in the cat. J Vet Pharmacol Ther, 2005. 28: 447-52.
38) Drag M et al., Firocoxib efficacy preventing urate-induced synovitis, pain, and inflammation in dogs. Vet Ther, 2007. 8: 41-50.
39) Pollmeier M et al., Clinical evaluation of firocoxib and carprofen for the treatment of dogs with osteoarthritis. Vet Rec, 2006. 159: 547-51.
40) Steagall PV et al., Evaluation of the adverse effects of oral firocoxib in healthy dogs. J Vet Pharmacol Ther, 2007. 30: 218-23.
41) 動物用医薬品等データベース. http://www.nval.go.jp/asp/
42) Stefano F and Distrutti E, Cyclo-oxygenase（COX）inhibiting nitric oxide donating（CINODs）drugs: a review of their current status. Curr Top Med Chem, 2007.7: 277-82.

くすりのよもやま話 ④

当初は狭心症薬として開発されていたバイアグラ

　バイアグラは性機能改善薬であることはよく知られている。バイアグラの薬効成分であるシルデナフィルは，もともとは狭心症薬として開発されていた。狭心症とは，心筋に栄養を供給している冠動脈が異常を来し，一過性の心筋虚血に陥ることで胸痛を引き起こす疾患である。シルデナフィルは冠血管を拡張することで血流を改善し狭心痛を止めると考えられていた。しかし，臨床試験において狭心症への効果はわずかであるが，陰茎の勃起を促進する作用が強いことが明らかとなった。その後，勃起不全改善薬としての効能を確かめる試験を経てバイアグラとして上市された(Goldstein et al., N Engl J Med, 338, 1397-1404, 1998)。

　バイアグラは，血管平滑筋細胞でホスホジエステラーゼ5を抑制することによりcGMP量を増加させる。これにより海綿体の血管を拡張させることで勃起を促進する。心臓薬のニトログリセリン類はバイアグラと同様に平滑筋細胞のcGMP量を増加させるため，これらの薬物を併用すると過度の血圧下降や心臓への負荷増大の危険性がある。

　シルデナフィルは肺動脈性肺高血圧への有用性が認められ，レバチオという商標で2008年に上市された。なお，イヌの肺高血圧症に対する有用性も報告されている(Jonathan et al., J Vet Intern Med 20, 1132-1135, 2006)。

循環器薬の作用機序とその選択

● はじめに

　心奇形や弁膜疾患では，心臓への負荷が大きいため，末梢に効率よく血液を送出できない。このような病的状態でも肺や全身臓器に血液を送出する必要があるため，心臓は心拍数や収縮力を増加し拍出量を維持しようとする。心臓は，交感神経や副交感神経によりその運動が調節され，心房性ナトリウム利尿ペプチドやアンジオテンシンなど様々なホルモンを自ら生成している。このような神経系や調節因子は，運動やストレスなどに対応することで最適な全身循環を維持しているが，心肥大や心不全では，これらの因子のバランスは破綻している。薬物治療では，直接あるいは間接的にこれらの因子を制御することで心負荷の軽減，全身循環の改善，生活の質（Quality of life, QOL）の向上を図るとともに心肥大の進展を抑制し，心不全への移行を遅延させる。このように，心不全の薬物治療目標は多岐にわたる。本章では，心不全の病態生理と各薬物の作用機序について述べ，治療目的と薬物選択について臨床薬理学的立場から解説する。

● 心不全の病態生理

　心機能不全により心拍出量が低下すると，圧受容体反射により交感神経が活性化する。これにより心臓および末梢の血管が収縮するとともに，心臓は収縮力が増強，心拍数が上昇することで，全身循環を維持しようとする（図1）。これらの反応は，心筋エネルギー消費量を増加させてしまう。心筋において酸素の需給バランスが崩れると細胞が死亡し，さらなる機能不全に陥る。機能不全は，さらなる心拍出量低下を招く。このフィードバックが繰り返されると，持続性負荷に対抗するために心臓は肥大するとともに，組織修復のため心筋の線維化が引き起こされる（図1）。その結果，収縮不全が進行し心不全に陥る。このように，心臓病の病態には『心負荷増大→心肥大→機能不全』というステージがある。各ステージにおいて，目的（心負荷軽減や心肥大抑制など）を達成するための治療薬を選択する必要がある。したがって病態ステージと薬物の作用ポイントをしっかりと把握し，目的に沿った薬物治療を行う必要がある。

　米国心臓病学会（American College of Cardiology, ACC）と米国心臓協会（American Heart Association, AHA）は，疫学調査や薬物治療の大規模試験結果を踏まえ，ヒト（成人）の慢性心不全に対する薬物治療のガイドラインを作成している（図2）[1]。高血圧や冠動脈疾患，心筋梗塞などのリスクを有しながらも心不全徴候が出現していない症例（Stage A）では，アンジオテンシン変換酵素（Angiotensin converting enzyme, ACE）阻害薬やアンジオテンシン受容体拮抗薬（Angiotensin receptor blocker, ARB），心収縮力低下症例（Stage B）ではこれらに加えβブロッカーの投与が推奨されている（図2）。すなわち，無徴候および軽度の心機能低下症例では，心

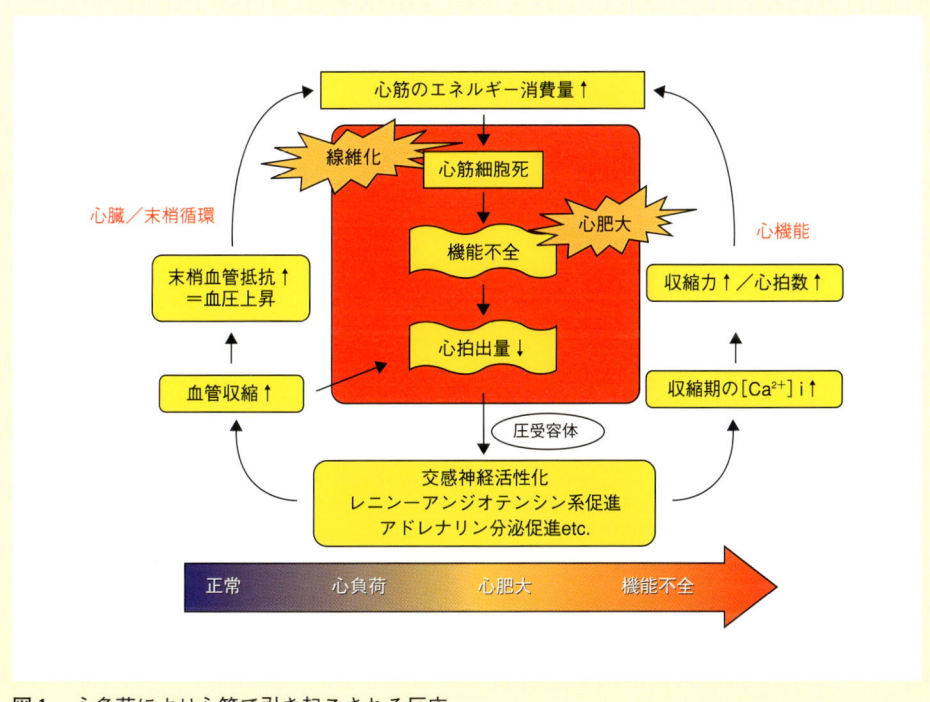

図1 心負荷により心筋で引き起こされる反応
心奇形や弁膜症などの心疾患では十分な心拍出量が維持できないため、交感神経系やレニン-アンジオテンシン系が活性化する。これにより拍出量を保とうとする一方で、末梢血管抵抗が上昇するとともに心筋収縮力および心拍数が増加する。その結果、心負荷が増大する。慢性的な心負荷は心肥大を引き起こし、やがて心不全に陥る。薬物により心負荷進行を示す矢印を断つことで、負のフィードバックを阻止させる

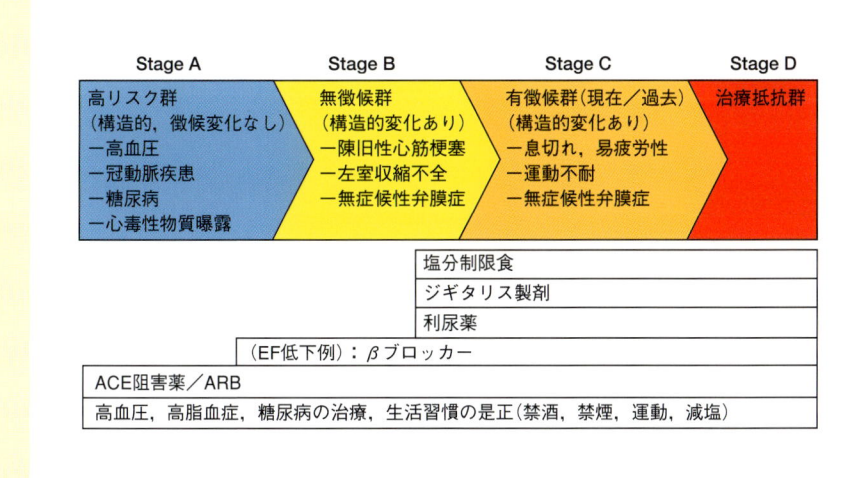

図2 ヒト（成人）の心不全診療指針—米国心臓病学会（American College of Cardiology, ACC）と米国心臓協会（American Heart Association, AHA）の成人の慢性心不全に対する薬物治療のガイドライン[1]

Stage A 高リスク群（構造的、徴候変化なし）
- 高血圧
- 冠動脈疾患
- 糖尿病
- 心毒性物質曝露

Stage B 無徴候群（構造的変化あり）
- 陳旧性心筋梗塞
- 左室収縮不全
- 無症候性弁膜症

Stage C 有徴候群（現在／過去）（構造的変化あり）
- 息切れ、易疲労性
- 運動不耐
- 無症候性弁膜症

Stage D 治療抵抗群

- 塩分制限食
- ジギタリス製剤
- 利尿薬
- （EF低下例）：βブロッカー
- ACE阻害薬／ARB
- 高血圧、高脂血症、糖尿病の治療、生活習慣の是正（禁酒、禁煙、運動、減塩）

表1 動物の心疾患分類（International small animal cardiac health council（ISACHC分類））[2]

クラス	臨床徴候	細分
クラスI	心不全の臨床徴候は認められない	Ia：心拡大の所見なし Ib：心拡大の所見あり
クラスII	軽〜中程度心不全 検査で心雑音などの所見あり 運動不耐性・咳・呼吸困難・腹水	
クラスIII	重度心不全・明白な徴候 重度の呼吸困難・著しい腹水貯留 休息時に低灌流 心原性ショックの可能性	IIIa：自宅療養可能 IIIb：入院が必須 致死的な肺水腫・胸水

表2 心不全治療薬の薬効と欠点

治療薬	効果	副作用	生体の反応
血管拡張薬	後負荷の減少		心拍出量増加
	エネルギー消費量減少		心不全悪化抑制
		血圧低下	心臓・脳への血流減少
			神経液性伝達刺激
βブロッカー	エネルギー需要低下		心不全悪化抑制
	抗不整脈作用		突然死の確率低下
		心筋収縮力低下	心拍出量低下
		心拍数低下	心拍出量低下
利尿薬	拡張期圧の減少		静脈圧の低下
	壁ストレスの減少		心不全悪化抑制
		前負荷の減少	心拍出量低下
強心薬	心拍出量の増加		全身循環改善
		心筋酸素消費量の増大	心不全の悪化・突然死

循環改善や心肥大抑制を目的とした薬物治療が推奨されている．一方，心不全が進行した症例（Stages C, D）では，さらにジギタリスおよび利尿薬を投与することが推奨され，さらなる心循環改善，心肥大抑制に加え心機能（収縮力）改善が薬物治療の目的となっている．

動物の場合は，主観的／客観的診断によるISACHCの分類（表1）が提唱されている[2]．しかし，これらの分類と疫学調査／薬物治験結果に基づいた薬物治療のガイドラインは，まだ確立していない．したがって，獣医療においては，薬物の作用機序と今まで行われてきた治験結果を基にした根拠のある治療（Evidence based medicine, EBM）を遂行する必要がある．

心疾患治療薬の作用機序と獣医療におけるエビデンス

循環器系に対する主な治療薬群の効果と副作用，生体の反応を表2にまとめた．どの種類の薬物も効果とともに副作用がある．そのため，これら両方が出現する可能性を意識して使用する必要がある．

ACE阻害薬やARB，カルシウムチャネルブロッカーなどの血管拡張薬は，後負荷を軽減させることで心拍出量を増加させるとともに心筋エネルギー消費を抑える．一方で，血圧低下に伴い心臓・脳への血流が低下する可能性がある．さらにイヌでは，圧受容体反射機構が発達しているため，血圧低下により交感神経が過度に活

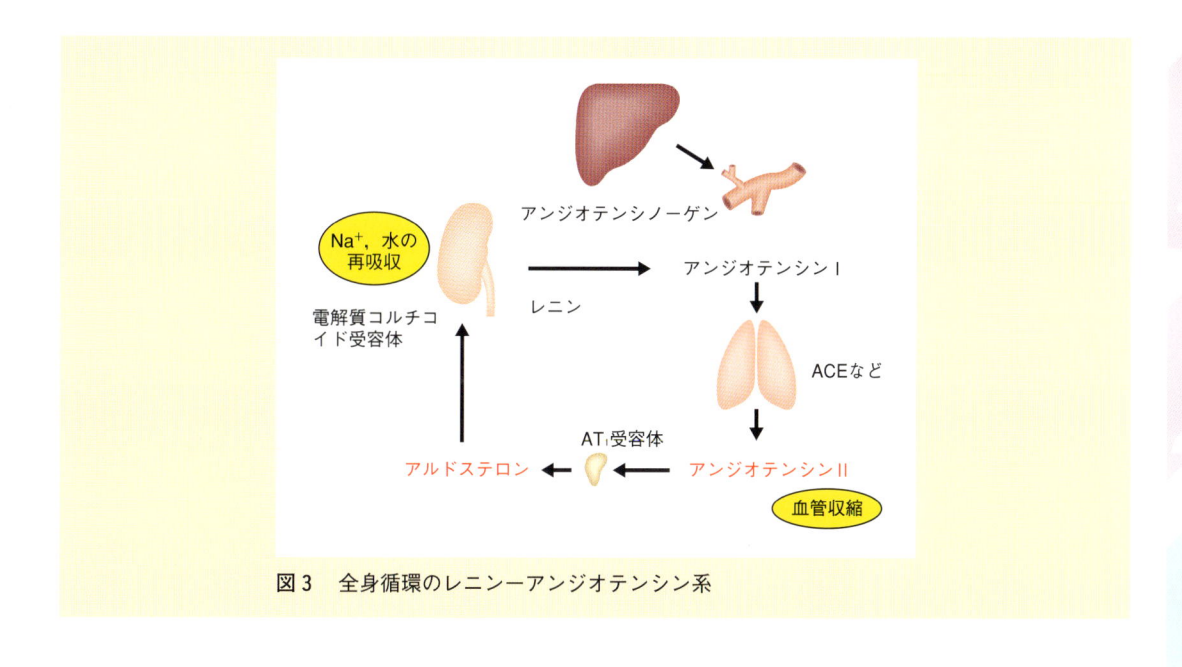

図3 全身循環のレニン－アンジオテンシン系

性化される。これにより頻脈となってしまう可能性があるので，注意が必要である。βブロッカーは，心筋保護作用，不整脈抑制作用などを有する反面，心拍出量，心拍数低下による全身循環不全を引き起こす可能性がある。利尿薬は，全身循環の改善や肺水腫の軽減など，比較的短期間で効果を発揮する反面，前負荷減少により心拍出量低下を引き起こす可能性がある。また最近，ヒトの疫学調査によりループ利尿薬は，種類によっては生存率を低下させる可能性があることが指摘されている[3]。強心薬は，弱った心臓を活性化させることで全身循環を改善できるという利点があるものの，心筋酸素消費量を増加させ，長期的には心不全を悪化させることが懸念されている。しかし，ピモベンダンなど効率よく心収縮力を増加させる薬物も開発されており，今後動物におけるQOLや生存率に対する効果が注目される。

レニン－アンジオテンシン系阻害薬

全身循環と組織レニン－アンジオテンシン系

アンジオテンシノーゲンは肝臓で合成され，全身を循環している。腎臓傍糸球体細胞からレニンが分泌されると，アンジオテンシノーゲンからアンジオテンシン（Ang）Ⅰが生成される。肺にあるアンジオテンシン変換酵素（ACE）により生成されたAngⅡは，AT₁受容体を介して血管収縮を引き起こすとともに副腎よりアルドステロン分泌を促す。アルドステロンは，集合尿細管の細胞内の電解質コルチコイド受容体に結合し，Na^+の再吸収を促進することで体液の貯留を引き起こす（図3）。一方，血管や心臓には，全身循環系のレニン－アンジオテンシン系とは独自した"組織レニン－アンジオテンシン系"が存在しており，AngⅠからAngⅡへの変換にはACEのみでなくキマーゼも関与している（図4）。この組織ACEとキマーゼ活性の割合には種差があり，イヌではヒトと同様にキマーゼ活性の方がACE活性よりも強い。一方でブタやラット，ウサギでは，キマーゼがAngⅠからAngⅡへの変換酵素として働かない（図5）[4]。

イヌにおいて多く認められる僧帽弁閉鎖不全症（Mitral regurgitation, MR）では，左心室は遠心性に（外に向かって）肥大する。一方，肺動脈狭窄症（Pulmonary stenosis, PS）では，血液送出が阻害されているため，駆出力を増強すること

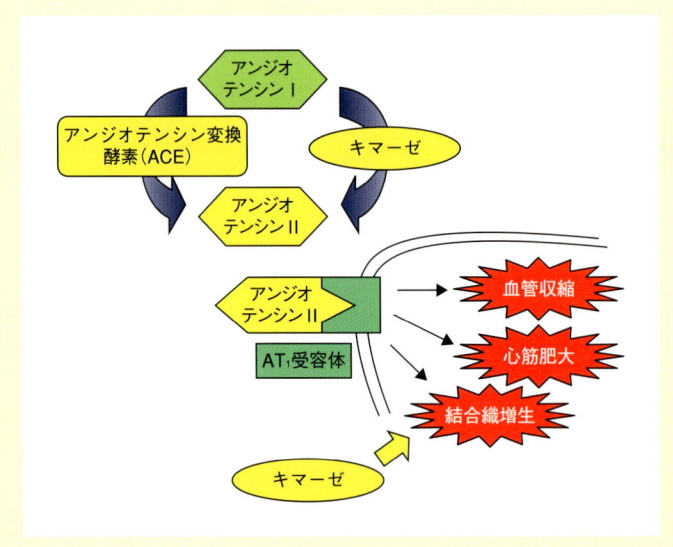

図4　心臓組織内レニン-アンジオテンシン系と心血管への作用

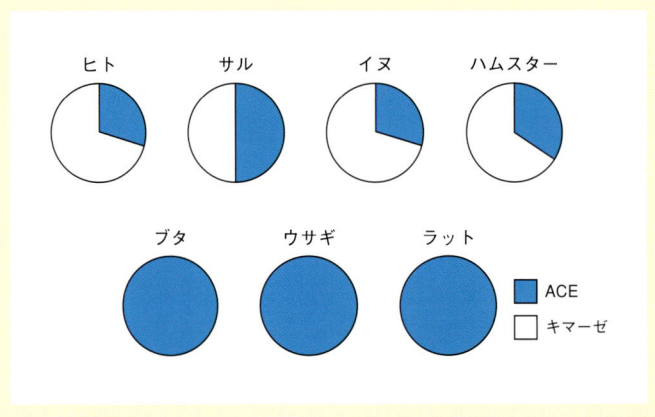

図5　血管標本のアンジオテンシンⅡにより引き起こされる収縮におけるACE／キマーゼ活性の割合の種差[4]

で心拍出量を維持しようとする。そのため右心室は求心性（内に向かって）肥大する。このように，病因の違いにより心肥大は異なる様相を呈する。

　筆者らは，ビーグル犬でMRおよびPS疾患モデルを作成し，心臓組織のACE活性とキマーゼ活性を測定した。心不全徴候を呈さない軽度な僧帽弁逆流を人工的に引き起こし，2年以上経過したイヌでは軽度の心拡大が認められたが，臨床徴候は認められなかった（ISACHC class Ibに相当）。この慢性期の軽度MRイヌの左心室のACE活性は上昇していたものの，キマーゼ活性は低下していた[5]。一方，肺動脈を人工的に狭窄したPSモデルイヌでは，狭窄後6カ月には右心室が求心性に肥大していた。この右心室のACE活性とキマーゼ活性はともに増加していた[6]。また，自然発症PSイヌの右心室では，キマーゼ活性のみが上昇していた（表3）[7]。このように，心臓組織内のACEとキマーゼの心肥大への関与は，病態により異なる可能性が非常に高い。これらの事実を踏まえた上で薬物治療を行う必要がある。

表3　心肥大の要因と心組織のACE，キマーゼ活性の変化[5-7]

	僧帽弁閉鎖不全症（軽度）	肺動脈狭窄症
病態	逆流血液による容量負荷	駆出障害による圧負荷
心肥大様式	遠心性肥大	求心性肥大
心臓組織ACE活性	↑	↑ or（−）
キマーゼ活性	↓	↑

ACE阻害薬

　ACE阻害薬はその名の通りAngⅠからAngⅡへの変換を阻害する。これによりAngⅡ産生が抑制され，血管を拡張することで後負荷を軽減する。ACEはキニン分解酵素であるキニナーゼⅡと同一酵素であるため，ACE阻害薬は血管拡張作用やナトリウム利尿作用を有するブラジキニンの分解を抑制する。この作用が循環改善に寄与している可能性がある。

　心不全が進行したMRおよび拡張型心筋症イヌの症例において，エナラプリルは心不全の悪化や死亡までの期間を有意に延長させた（図6）[8]。すなわち，心不全徴候を呈している症例に対しては，ACE阻害薬はその進行を抑制する。一方，心不全徴候を呈していないキャバリア・キングチャールズ・スパニエルのMR症例では，エナラプリルを投与しても心不全発症を遅延させることができなかった（図7）[9]。これは，軽度のMR症例に対し予防的にACE阻害薬を投与することに疑問を投げかける結果である。しかし，前述したように軽度MRモデルイヌにおいて左心室のACE活性が上昇していたことから，ACE阻害薬の用量や種類などの条件を最適化すれば予防効果が得られる可能性はある。これについては，今後の治験や疫学調査結果を待つ必要がある。

● AT_1受容体拮抗薬

　AngⅡ生成にはACEのみではなく，キマーゼも関与している（図4）。イヌでは，キマーゼ活性がACE活性より高いため，キマーゼにより生成されたAngⅡの作用も抑制するAT_1受容体拮抗薬の方が，ACE阻害薬よりRAS系を効率よく抑制できると考えられる。しかし，ACE阻害薬は前述したようにブラジキニン増強作用を有している上に，降圧効果がマイルドである（AT_1受容体拮抗薬は血管拡張作用がACE阻害薬より強力であるため，低血圧を生じやすい）。したがって，一概にAT_1受容体拮抗薬の方が有用であるとはいえない。一方でAT_1受容体拮抗薬には以下のような注目すべき心肥大抑制作用がある。

　伸展などのメカニカルストレスにより心肥大が惹起されることは分かっていたが[10]，近年AngⅡ非存在下でもメカニカルストレスによりAT_1受容体が活性化されることや[11]，アンジオテンシノーゲンのノックアウトマウス，すなわちアンジオテンシンⅡを合成できないマウスにおいても，圧負荷により心肥大が惹起されることが明らかとなってきた。これらの事実は，AngⅡ非存在下でもメカニカルストレスによりAT_1受容体が活性化され，心肥大が惹起されることを示唆している。AT_1受容体拮抗薬のカンデサルタンは，AngⅡ非存在下でのAT_1受容体活性化を抑制する。したがって，同様にレニン－アンジオテンシン系を抑制する薬物でもカンデサルタンは，ACE阻害薬とは異なるメカニズムでの心肥大抑制作用をも有すると考えられる。

　AT_1受容体拮抗薬のイヌの心不全に対する臨床治験については，まだ報告がない。一方，著者らの研究では，PSモデルイヌで惹起される求心性肥大は，エナラプリルでは抑制されなかったが，カンデサルタンでは抑制された[12]。したがってAT_1受容体拮抗薬は，PSによる心不全／突然死を抑制できる可能性がある。

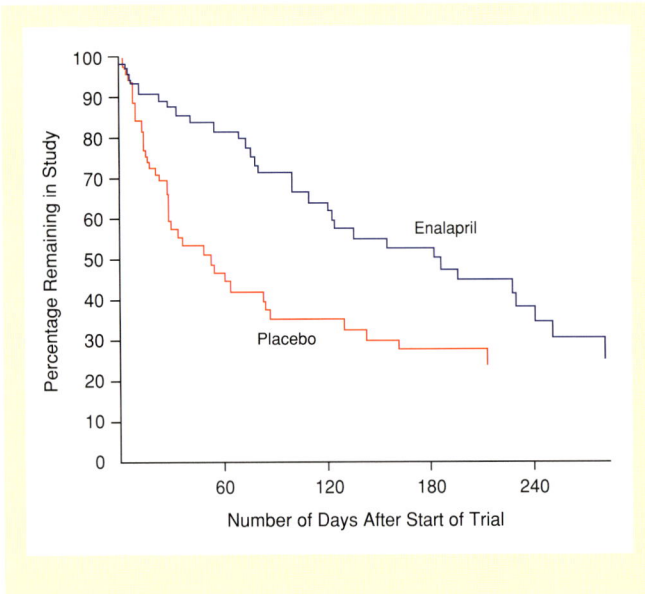

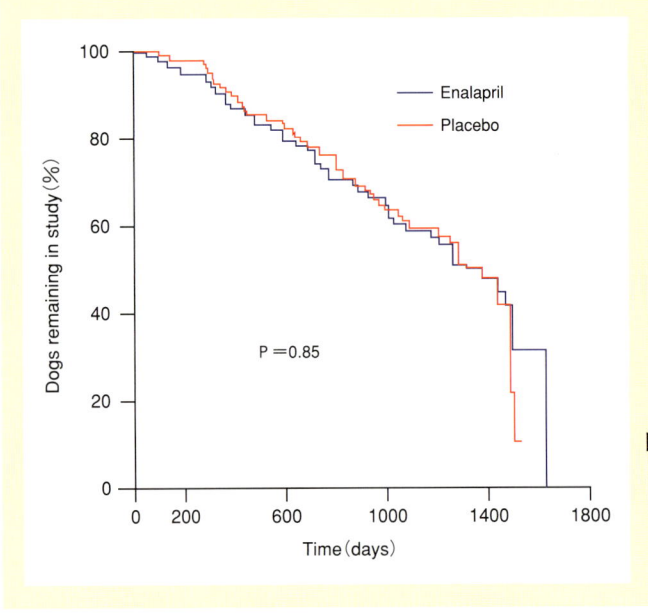

図6 心不全イヌにおけるエナラプリルの効果[8]
エナラプリル（0.25〜0.5mg/kg SID）により心不全悪化や死亡に至るまでの日数が有意に延長した

図7 心不全徴候を呈していない僧帽弁閉鎖不全症のキャバリア・キングチャールズ・スパニエルにおけるエナラプリルの心不全発症に対する作用[9]
エナラプリル投与群の心不全発症までの日数は，コントロール群と差はなかった

βブロッカー

ノルアドレナリンなどの作動物質がβ受容体に結合すると，サイクリックAMP（cAMP）が生成され，Aキナーゼをリン酸化することによりCa^{2+}チャネルを開口し，細胞内へCa^{2+}が流入する（図8）。流入したCa^{2+}が筋小胞体からのCa^{2+}放出を促すことで，細胞内Ca^{2+}濃度がさらに上昇し，筋収縮が惹起される（図9）。また洞房結節（ペースメーカー）では，Ca^{2+}流入により拍動数（心拍数）が上昇する。心筋は，収縮する際にエネルギー（ATP）を消費するとともに，弛緩時に細胞内Ca^{2+}濃度を低下させるときにもATPを消費する（図9）。

βブロッカーは駆出力を低下させることで体循環不全を増悪させるため，心不全に対しては禁忌とされていた。しかし，心不全患者に対し，強心作用を有する薬物が予後を悪化させること

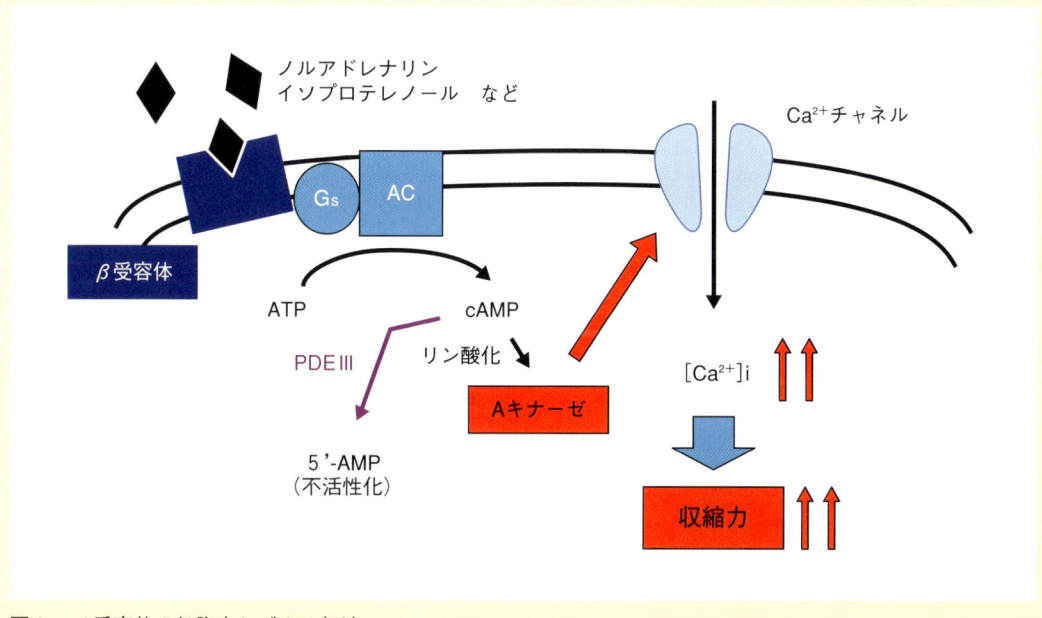

図8　β受容体の細胞内シグナル伝達
β受容体に作動物質が結合するとGタンパク（Gs）を介してアデニレートシクラーゼ（AC）が活性化され，ATPからサイクリックAMP（cAMP）が生成される。cAMPはAキナーゼをリン酸化することによりCa^{2+}チャネルを開口する。流入したCa^{2+}により心筋収縮は増強する。cAMPはホスホジエステラーゼⅢ（PDEⅢ）により不活性化される

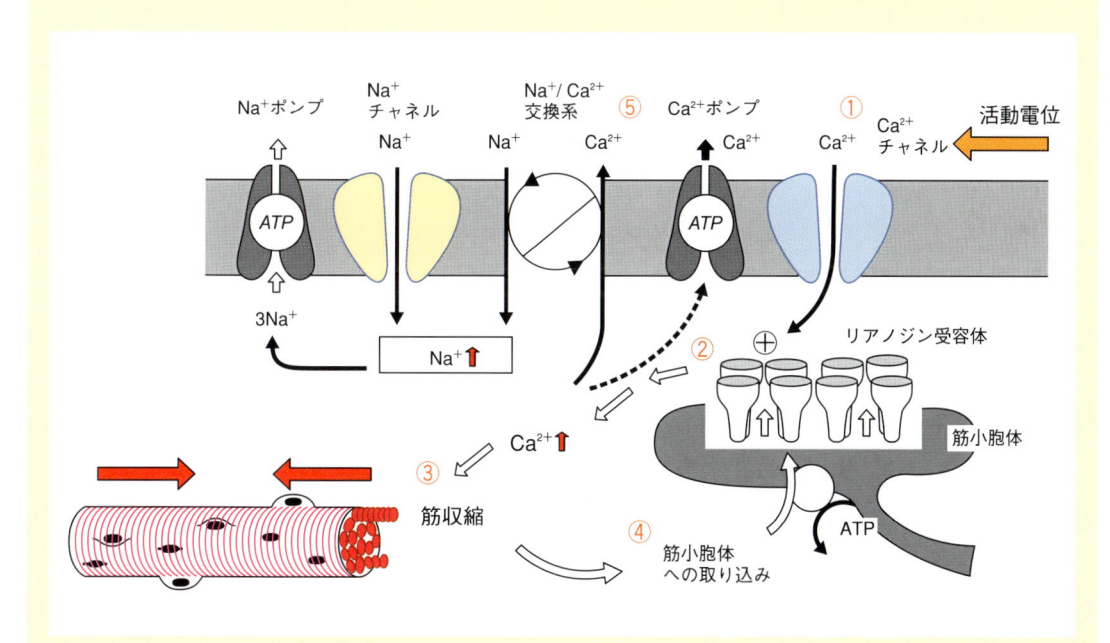

図9　細胞内のCa^{2+}-収縮反応
①β受容体刺激や脱分極によりCa^{2+}チャネルが開口し，Ca^{2+}が細胞内に流入する。②流入したCa^{2+}がリアノジン受容体に作用し，筋小胞体からさらに大量のCa^{2+}を放出する。③Ca^{2+}の作用により筋が収縮する。④筋の弛緩時には，ほとんどの細胞内Ca^{2+}は筋小胞体に取り込まれるが，⑤一部はNa^+/Ca^{2+}交換系やCa^{2+}ポンプにより細胞外に排出される。このときにATPが必要である

が明らかとなり，βブロッカーの有効性が注目されるようになった．実際に，ヒトにおける大規模試験において，カルベジロールやメトプロロールが心不全の予後を改善することが実証されている[13]．カルベジロールは，β受容体遮断作用に加えα受容体遮断作用や抗酸化作用，白血球遊走抑制作用を有しており，これらが心不全予後改善によい影響を及ぼしている可能性がある．デメリットとしては，徐脈患者に対しては使用できないことや，薬物導入期に房室ブロックを引き起こすことなどが挙げられる．

MRイヌに対するカルベジロールの効果についての研究では，心エコーパラメータの改善は認められなかったものの，QOLは改善していた[14]．拡張型心筋症のイヌでは，カルベジロールによる心機能改善作用は認められなかった[15]．これらの臨床研究ではカルベジロールを3カ月間しか投与していないため，心疾患に対する長期予後改善の可能性に関しては，今後の試験を待たねばならない．

● 強心薬

ミルリノン

ミルリノンは，ホスホジエステラーゼⅢ（PDEⅢ）を阻害することによりcAMP濃度を上昇させ，Aキナーゼ，Ca^{2+}流入を促進させることで心筋収縮力を増強する（図8）．ミルリノンによる体循環改善がQOL改善，延命につながることを期待し，ヒト心不全に対する有効性が臨床治験にて評価された．しかし，その結果は予想とは逆であった．20カ月の試験期間で全死亡率がプラセボ群にくらべ28％上昇し，中でも心臓疾患に起因する死亡率が34％上昇した．さらに重篤な心不全患者における死亡率は53％上昇し，血圧の過度の低下や失神の割合も有意に上昇していた[16]．このように，ミルリノンは長期投与により予後を悪化することが明らかとなった．他のPDEⅢ阻害作用を有する強心薬も死亡率を悪化させたことから[17]，心不全に対し収縮力を増強させることは，予後改善に結びつかないと認識されるようになった．なおミルリノンは，短期的に心循環を改善する効果が認められ，ヒトの急性心不全に対する静注・点滴薬として認可されている．

ピモベンダン

前述したように，細胞内Ca^{2+}は，収縮を惹起・増強するために必要なイオンである．ピモベンダンは，細胞内Ca^{2+}を効率よく収縮に利用するカルシウムセンシタイザーである．カルシウムセンシタイザーは，細胞へのCa^{2+}流入増加を伴わずに心筋収縮力を増強できるため，細胞内Ca^{2+}の筋小胞体への取り込みや，細胞外へのくみ出しに必要なエネルギー（ATP）の増加を必要としない（ATP消費については図9参照）．また，心筋細胞内に過剰に流入したCa^{2+}による不整脈発生や心筋細胞傷害（死）の危険性がない．さらに心拍数上昇作用が少ないため，収縮力が増強しても心筋酸素消費量増加が少ない．このようにカルシウムセンシタイザーは，理論的には心筋エネルギー消費を抑え，効率よく収縮力を増強するという利点がある．ピモベンダンは，血管拡張作用があるため，理論的に前負荷および後負荷軽減作用を有する．したがって，心機能改善作用に加え，この心臓への負荷軽減作用が心不全に対して有効に作用すると考えられている[18]．

実際に獣医臨床において，拡張型心筋症のコッカー・スパニエルには無効であったが，ドーベルマン・ピンシャーにおいてその生存率を改善したという報告がある（図10）[19]．また，心不全徴候を呈するMRイヌにおいて，ピモベンダンとベナゼプリルの効果を突然死や試験からの離脱など，心不全の悪化を指標として比較したところ，ピモベンダンの方が有意に改善していた（図11）[20]．これらの結果は，拡張型心筋症やMRにより心不全徴候を呈している症例に対して，ピモベンダンが有効である可能性を示唆している．一方，最近の研究報告では，徴候を呈して

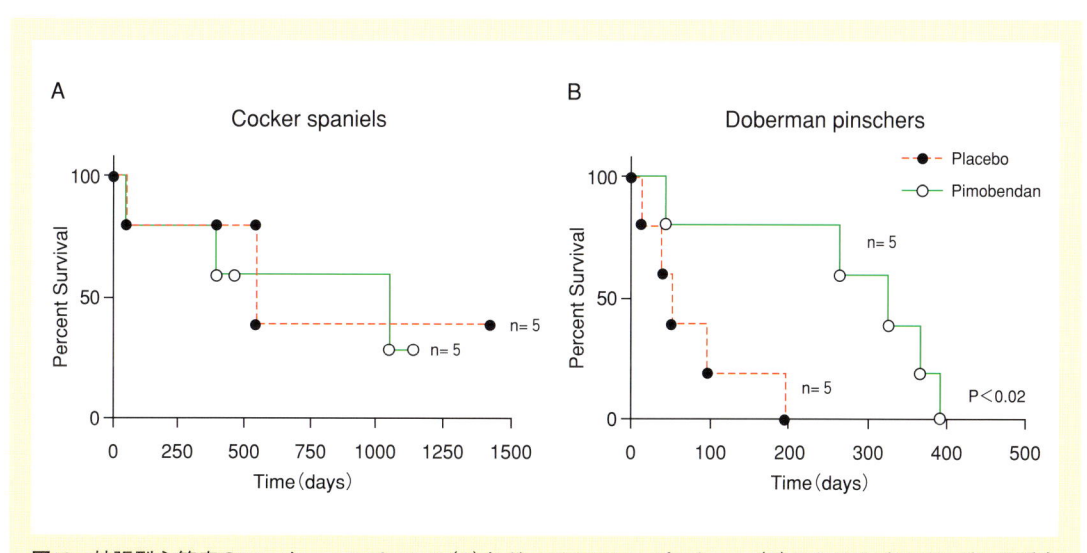

図10 拡張型心筋症のコッカー・スパニエル(A)とドーベルマン・ピンシャー(B)におけるピモベンダンの延命効果[19]
　エナラプリル、フロセミドおよびジゴキシンによる薬物治療に加え、ピモベンダン(0.3〜0.6mg/kg/day PO)を追加した際の生存率が、ドーベルマン・ピンシャーで改善していた

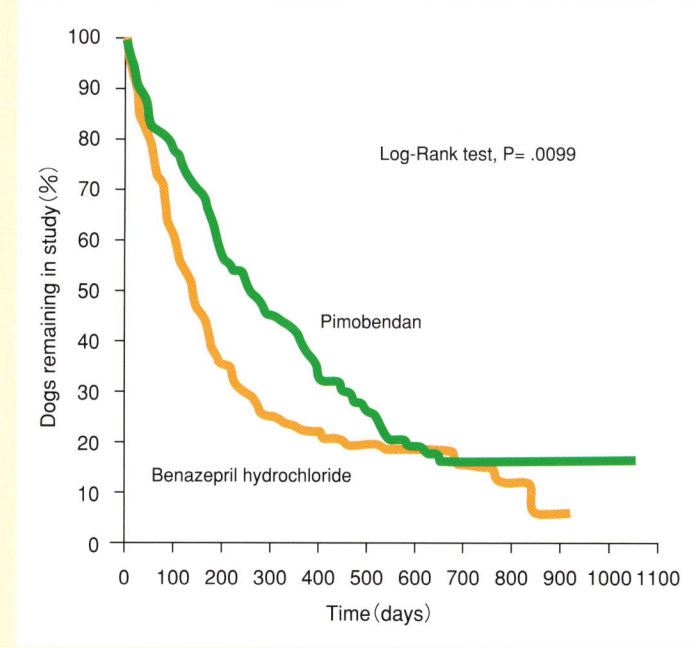

図11 心不全徴候を呈する僧帽弁閉鎖不全症のイヌにおけるピモベンダン(0.4〜0.6mg/kg PO BID)およびベナゼプリル(0.25〜1 mg/kg PO SID)の心不全悪化抑制効果[20]
　突然死、心疾患による安楽死、実験からの離脱数がピモベンダン群で改善した

いないMRイヌにピモベンダン(0.2〜0.3mg/kg BID)を反復投与すると、30日後には駆出率増加、収縮末期の左心室内腔径の短縮などの作用が認められた。しかし、これらの作用は一過性であり、90, 180日後には消失していた[21]。無徴候性MRに対するピモベンダンの有用性の判別には、長期試験を行う必要がある。

　ピモベンダンは、MRを悪化させてしまう可能性が報告されている[22]。またピモベンダンは、PDE Ⅲ阻害作用をあわせ持つ。これにより血管

が拡張し，動脈圧が低下することにより後負荷が軽減されるが，PDE Ⅲ阻害作用による心不全の悪化や不整脈出現の可能性は否定できないため，注意が必要である．

●おわりに

本章では，心不全の病態と薬物について解説した．心臓薬に関する獣医臨床研究は，一部では精力的に展開されているものの，臨床治験が実施されていなかったり，進行中であったりするため，エビデンスが必ずしも多いとはいえない．したがって，ラットやイヌの心疾患モデル動物を用いた薬効研究や，ヒト臨床試験で得られた情報を基に投薬指針が決められることが多い．しかし，モデル動物の病態は，実際のものと異なる面が多い．筆者らはイヌで肺動脈狭窄症モデルを作成しているが，求心性肥大の重症度や心筋組織線維化の程度などは，先天性のものとは異なっていた．獣医臨床でも治験をさらに精力的に，多角的に実行することで，薬物の有用性を精査することが必要である．有効性が認められても，系統差や年齢差，心疾患の原因や重症度によっては効果が認められない場合もある．したがって患者層別の解析も，今後のひとつの注目すべきポイントとなる．

■参考文献
1) Hunt, S.A., et al., ACC/AHA 2005 Guideline Update for the Diagnosis and Management of Chronic Heart Failure in the Adult: a report of the American College of Cardiology/American Heart Association Task Force on Practice Guidelines (Writing Committee to Update the 2001 Guidelines for the Evaluation and Management of Heart Failure): developed in collaboration with the American College of Chest Physicians and the International Society for Heart and Lung Transplantation: endorsed by the Heart Rhythm Society. Circulation, 2005. 112 (12): p. e154-235.
2) International Small Animal Cardiac Health Council, Recommendations for diagnosis of heart disease and treatment of heart failure in small animals, in Manual of canine and feline cardiology, Miller, M. and Tilly, L.P., Editors. 1999, Saunders: Philadelphia. p. 883-901.
3) Eshaghian, S., T.B. Horwich, and G.C. Fonarow, Relation of loop diuretic dose to mortality in advanced heart failure. Am J Cardiol, 2006. 97 (12): p. 1759-64.
4) 宮崎瑞夫, 組織レニン・アンジオテンシン系, in レニン・アンジオテンシン系と高血圧：レニン発見100周年を記念して, 日和田邦男, 萩原俊男, 猿田享男著. 先端医学社. 1998. p. 154-64.
5) Fujii, Y., et al., Modulation of the tissue reninangiotensin-aldosterone system in dogs with chronic mild regurgitation through the mitral valve. Am J Vet Res, 2007. 68 (10): p. 1045-50.
6) Orito, K., et al., Time course sequences of angiotensin converting enzyme and chymase-like activities during development of right ventricular hypertrophy induced by pulmonary artery constriction in dogs. Life Sci, 2004. 75 (9): p. 1135-45.
7) Fujii, Y., et al., Increased chymase-like activity in a dog with congenital pulmonic stenosis. J Vet Cardiol, 2007. 9 (1): p. 39-42.
8) Ettinger, S.J., et al., Effects of enalapril maleate on survival of dogs with naturally acquired heart failure. The Long-Term Investigation of Veterinary Enalapril (LIVE) Study Group. J Am Vet Med Assoc, 1998. 213 (11): p. 1573-7.
9) Kvart, C., et al., Efficacy of enalapril for prevention of congestive heart failure in dogs with myxomatous valve disease and asymptomatic mitral regurgitation. J Vet Intern Med, 2002. 16 (1): p. 80-8.
10) Komuro, I. and Y. Yazaki, Control of cardiac gene expression by mechanical stress. Annu Rev Physiol, 1993. 55: p. 55-75.
11) Zou, Y., et al., Mechanical stress activates angiotensin II type 1 receptor without the involvement of angiotensin II. Nat Cell Biol, 2004. 6 (6): p. 499-506.
12) Yamane, T., et al., Comparison of the effects of candesartan cilexetil and enalapril maleate on right ventricular myocardial remodeling in dogs with experimentally induced pulmonary stenosis. Am J Vet Res, 2008. 69 (12): p. 1574-9.
13) Hori, M., et al., Low-dose carvedilol improves left ventricular function and reduces cardiovascular hospitalization in Japanese patients with chronic heart failure: the Multicenter Carvedilol Heart Failure Dose Assessment (MUCHA) trial. Am Heart J, 2004. 147 (2): p. 324-30.
14) Marcondes-Santos, M., et al., Effects of carvedilol treatment in dogs with chronic mitral valvular disease. J Vet Intern Med, 2007. 21 (5): p. 996-1001.
15) Oyama, M.A., et al., Carvedilol in dogs with dilated cardiomyopathy. J Vet Intern Med, 2007. 21 (6): p. 1272-9.
16) Packer, M., et al., Effect of oral milrinone on mortality in severe chronic heart failure. The PROMISE Study Research Group. N Engl J Med, 1991. 325 (21): p. 1468-75.
17) Cohn, J.N., et al., A dose-dependent increase in mortality

with vesnarinone among patients with severe heart failure. Vesnarinone Trial Investigators. N Engl J Med, 1998. 339 (25): p. 1810-6.
18) Gordon, S.G., M.W. Miller, and A.B. Saunders, Pimobendan in heart failure therapy--a silver bullet? J Am Anim Hosp Assoc, 2006. 42 (2): p. 90-3.
19) Fuentes, V.L., et al., A double-blind, randomized, placebo-controlled study of pimobendan in dogs with dilated cardiomyopathy. J Vet Intern Med, 2002. 16 (3): p. 255-61.
20) Haggstrom, J., et al., Effect of pimobendan or benazepril hydrochloride on survival times in dogs with congestive heart failure caused by naturally occurring myxomatous mitral valve disease: the QUEST study. J Vet Intern Med, 2008. 22 (5): p. 1124-35.
21) Ouellet, M., et al., Effect of pimobendan on echocardiographic values in dogs with asymtomatic mitral valve disease. J Vet Intern Med, 2009. 23 (2): 258-63
22) Tissier, R., et al., Increased mitral valve regurgitation and myocardial hypertrophy in two dogs with long-term pimobendan therapy. Cardiovasc Toxicol, 2005. 5 (1): p. 43-51.

Tea break くすりのよもやま話 ⑤

"中枢性バイアグラ" として期待されたアポモルヒネの将来

　アポモルヒネは化学受容器引き金帯(CTZ)のドーパミン受容体に作用して嘔吐を誘発する催吐薬であるが，中枢神経に作用して勃起の神経信号を増強する．服用から作用出現までの早さがバイアグラの倍以上であったため，中枢に作用点のある勃起不全改善薬として期待されていた．日本では武田薬品工業とアボットの合弁会社TAPが開発に着手した．しかし，重篤な副作用として失神があり，そのほかにも頭痛，めまいなどが認められたため，さらなる安全性と有効性を確立すべきとして販売許可申請を取り下げた．

　パーキンソン病は脳内ドーパミン不足により引き起こされる疾病で，運動症状として振戦（ふるえ）や無動，固縮（筋緊張亢進）などを示す．アポモルヒネのドーパミン受容体に対する作用が，このパーキンソン病の運動症状を改善する可能性が出てきた．治験も行われているようである（http://clinicaltrials.gov/ct2/show/NCT00610103）．

　催吐作用→勃起不全改善作用→抗パーキンソン作用と，様々な薬効が模索されてきたアポモルヒネが，薬物として日の目をみることがあるか注目される．

chapter 6

抗てんかん薬

● てんかんとは

　てんかんは，動物病院に来院する症例の0.3～0.6％を占める[1]。また，大学病院などの紹介病院に来院する症例の2～3％にも及ぶことから，臨床上重要な疾病であるといえる[2]。てんかんは多様な病態を示すが，共通点として痙攣を繰り返すことを特徴とする疾病であり，大きく2つに分類することができる。ひとつは「症候性てんかん」であり，もうひとつは「特発性てんかん」である。前者は二次性てんかんとも呼ばれ，脳腫瘍などその原因となる構造的病変が特定できるものである。特発性てんかんは，脳の構造的病変やその他の神経徴候がないにもかかわらず，繰り返し痙攣が引き起こされる状態をいう。「特発性」は，「原因が分からない」という意味ではなく，限られた年齢範囲内で他の神経異常が認められない，という典型的な臨床的特徴を有する症候群である。

　イヌにおいて特発性てんかんは，1～5歳齢に最初の痙攣発作が生じる場合がほとんどである（6カ月齢以前や10歳齢以降に痙攣発作が生じる場合も報告されている）[3]。ビーグルやベルジアン・シェパード・ドッグ・タービュレン，キースホンド，ダックスフンド，British Alsation（ジャーマン・シェパード・ドッグ），ラブラドール・レトリーバー，ゴールデン・レトリーバー，シェットランド・シープドッグ，アイリッシュ・ウルフハウンド，ビズラ，バーニーズ・マウンテンドッグ，イングリッシュ・スプリンガー・スパニエルなどの犬種において，特発性てんかんの遺伝的素因が疑われている[3]。

● てんかんの分類

　てんかんはヒトの場合，徴候や原因，脳波異常によりいくつかの分類方法がある。しかし，動物では脳波検査がほとんど行われていないことや，痙攣のタイプがヒトの分類に完全には合致しないことから，ヒトの分類をそのまま当てはめることはできない。現在は全般性発作と焦点発作に分類されている。症例では，焦点性発作から二次性全般化が最も多いと考えられている。

1. 全般性発作

　両方の大脳半球が関与する発作で，意識障害があり運動器徴候が両側性に現れる。イヌやネコに最も多いのは強直性-間代性痙攣である。発作のはじめは主動筋と拮抗筋が同時に持続性に収縮して四肢を伸展させる，いわゆる強直性発作（後弓反張）を引き起こす。呼吸は不規則または無呼吸となり，チアノーゼを呈する。この際，流涎や失禁を伴うこともしばしばある。この状態が1～2分継続した後，自転車のペダルを踏む運動や咀嚼運動に代表されるようなリズミカルな筋収縮に移行する。この時期を間代性発作という。発作初期から意識を失うことが多いが，軽度の場合は意識が維持されることもある。

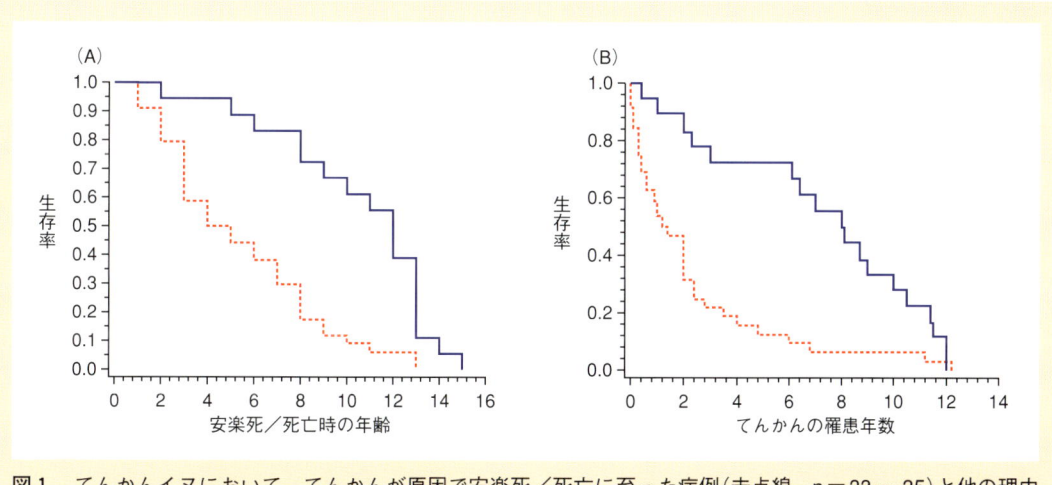

図1 てんかんイヌにおいて，てんかんが原因で安楽死／死亡に至った症例（赤点線，n＝33〜35）と他の理由で安楽死／死亡に至った症例（青実線，n＝19）の生存率と安楽死／死亡時の年齢との関連(A)，および生存率とてんかん罹患年数との関連(B)[4]
てんかんが原因で安楽死／死亡に至った症例の方が生存率が低く，また罹患年数も短い傾向にあった

2．焦点発作

焦点発作では，初期に大脳半球の限局領域における神経細胞の過剰な電気活動が発生する。これにより頭部を一定方向に繰り返し回したり，肢や顔面の筋肉のリズミカルな収縮や咀嚼運動といった局所運動発作を引き起こす。恐怖感や痛み，幻覚などの感覚異常も伴うことがある。また，焦点性自律神経発作では，嘔吐や下痢，腹痛などの自律神経徴候を呈する場合がある。

● てんかんの予後

50頭以上のイヌのてんかん症例の予後研究で，生存期間は7年（中央値）であった。これは，健常イヌ（10年：中央値）にくらべ，有意に短かった。一方，てんかん発症時の年齢や死亡年齢，てんかんの罹患期間は，性別や体重間に差はなかった。これらの症例の中で，てんかんが原因で安楽死／死亡した症例の年齢は，他の理由で安楽死／死亡した年齢より若かった（図1A）[4]。また図1Bに示すように，てんかんの罹患年数は，てんかんが原因で安楽死／死亡した症例の方が，他の理由で安楽死／死亡した症例より短かった[4]。これはてんかんと診断されてから最初の2年が死亡率が高いというヒトの調査研究報告に一致している[5]。

痙攣から完全に回復せずに次の痙攣が惹起される場合や，5分以上痙攣が継続する場合は，てんかん重積に分類される[6,7]。てんかん重積は，慢性的な痙攣疾患とは異なり，中枢神経の炎症や脳腫瘍，代謝障害，外傷，血管障害に関連していると考えられており[8]，中枢神経の異常な興奮により高体温，高血糖，低血糖，低酸素症，アシドーシス，腎不全，心肺虚脱などを引き起こす[9]。上述したように，てんかん自体が死亡率を悪化させる要因である。さらに，特発性てんかんを対象とした調査研究において，てんかん重積を惹起する特発性てんかん症例では，重積を惹起しない症例にくらべ，生存率が低かった（図2）[2]。またてんかん重積は，特発性てんかんに起因する場合以外に，脳の構造異常により生ずる場合（症候性てんかん重積）や，脳自体には異常はないが代謝異常や毒物曝露により生ずる場合（反応性てんかん重積）がある。このような原因の違いにより生存率も異なり，症候性てんかん重積が最も生存率が低かった（図3）。

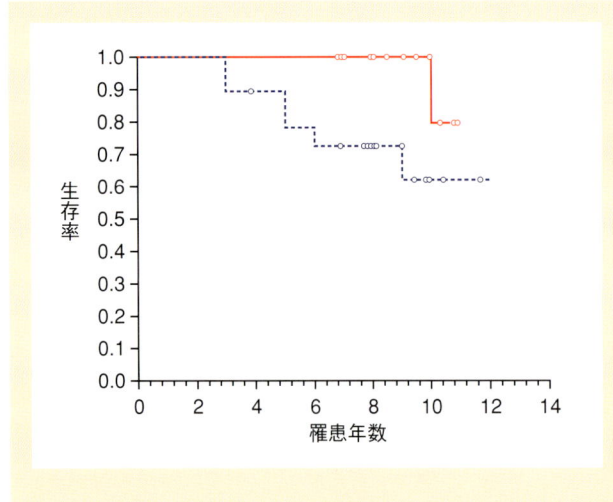

図2 イヌのてんかん症例における重積の有無と生存率との関係[2]
重積を惹起した症例（青点線，n＝19）は，起こさない症例（赤実線，n＝13）にくらべ生存率が有意に低かった

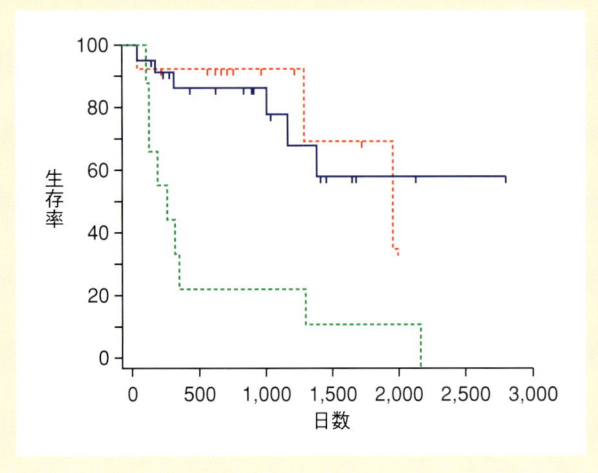

図3 てんかん重積の原因の違いによる生存率の違い[9]
脳の構造異常により生ずる症候性てんかん重積（緑点線）は，特発性てんかん重積（青実線）や代謝異常や毒物曝露により生ずる反応性てんかん重積（赤点線）よりも生存率は低かった

　てんかんは徴候が顕著であるだけでなく，生命にかかわる疾患であるため，飼い主にも大きなストレスを与える。そのため，発作の予防を目的とした治療が必要である。

薬理学からみたてんかんの病態生理学

　特に難治性てんかん症例の場合は，多剤を併用するケースがある。異なる作用メカニズムの薬物を併用すると，複数のポイントからのてんかん抑制効果が期待できる。一方，同じ作用機序の薬物の併用では，効果増強が期待できる半面，副作用も増幅してしまう可能性がある。てんかんの病態生理学と抗てんかん薬のメカニズムを含めた特徴を知っておくことは，併用の有効性や危険性を予測するために非常に有用である。

　神経には興奮性神経と，介在神経に代表される抑制性神経がある（図4）。前者は興奮性アミノ酸であるN-methyl D-aspartate（NMDA）などを伝達物質とし，Na^+やCa^{2+}などの陽イオンの細胞内流入を惹起することで神経細胞の脱分極を促す。一方，抑制性神経では，放出されたγ-アミノ酪酸（GABA）がGABA$_A$受容体に結合すると，陰イオンCl^-の流入や陽イオンK^+の流出などを惹起することで，神経細胞の脱分極を抑制する。てんかんは，この興奮性と抑制性のバ

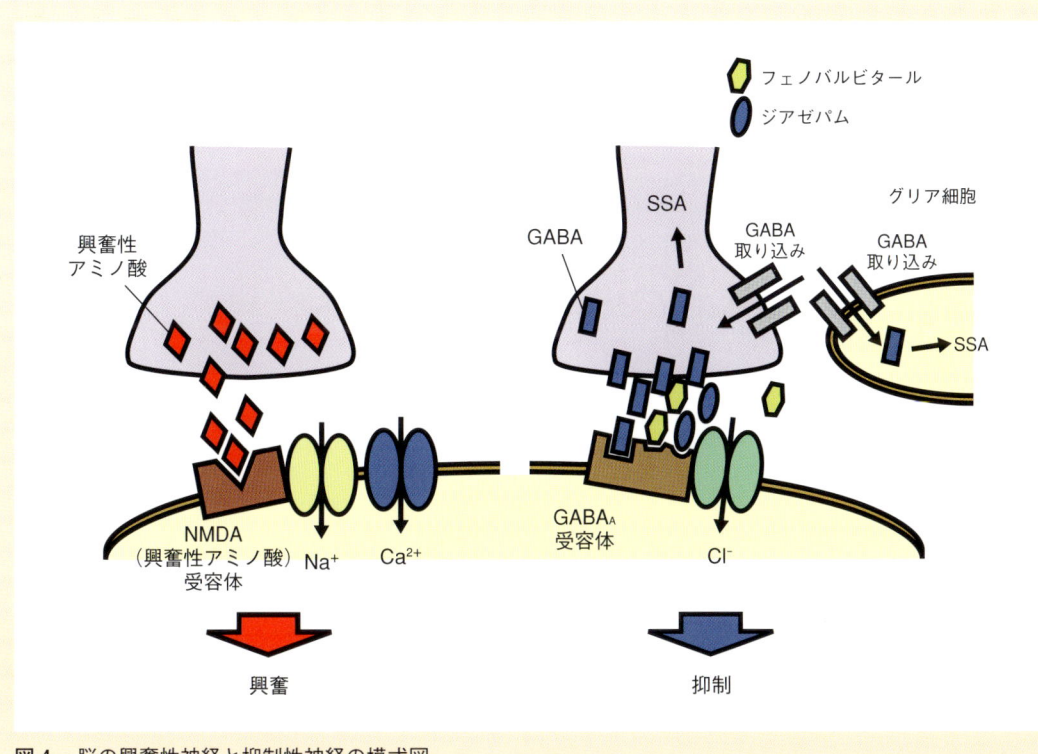

図4　脳の興奮性神経と抑制性神経の模式図
興奮性神経（左側）では，活動電位などの刺激が加わると神経終末からNMDAなどの興奮性アミノ酸が放出される。これらがシナプス後膜の受容体に結合し，Na^+やCa^{2+}などの陽イオンの細胞内への導入を引き起こす。これにより膜が脱分極し，閾値に達すれば活性化される。一方，抑制性神経（右側）に刺激が伝導すると，GABAが放出される。GABAは，効果器のGABA$_A$受容体に結合しCl^-チャネルやK^+チャネルを開口する。これにより，興奮性神経の活性化により惹起されるシナプス後膜の脱分極を抑制する。抗てんかん薬であるバルビツール類（フェノバルビタール）やベンゾジアゼピン類（ジアゼパム）はGABA$_A$受容体に結合することによりCl^-チャネルを開口させる

ランスが破たんしていると考えられている。したがって抗てんかん薬には，神経の興奮を抑制するものや抑制性作用を増強するもの，あるいはこれら両方の作用を有するものがある。

　興奮性・抑制性神経の特徴を踏まえ，異なる作用メカニズムの薬物を選択することで，相加／相乗効果が得られる可能性がある。また同じ作用メカニズムでも，薬物の性質（高脂溶性のため脳移行性が高く即効性が期待できるなど）の違いにより併用が有効な場合もある。

● 治療薬

　てんかんの治療薬は，神経の興奮を抑制したり，神経抑制を促進したりすることによりてんかん発作を予防することを目的として用いられる。血中濃度が有効濃度を下回れば，発作が生じる危険性が出てくるため，抗てんかん薬は反復投与により血中濃度を1日中有効域に維持することが必要である。抗てんかん薬の血中濃度は，次回投与する直前に最低となる。したがって，このときの血中濃度（トラフ値）が有効血中濃度を維持していることが必要である（図5）。なおジアゼパムは，発作を抑制するために単回投与で用いる場合があるが，このようなケースでは血中濃度を1日中薬効濃度にしておく必要はない。

　抗てんかん薬は，動物用に開発されたものがないため，ヒト用の治療薬を利用している。しかし，イヌでは半減期が極端に短かったり，肝

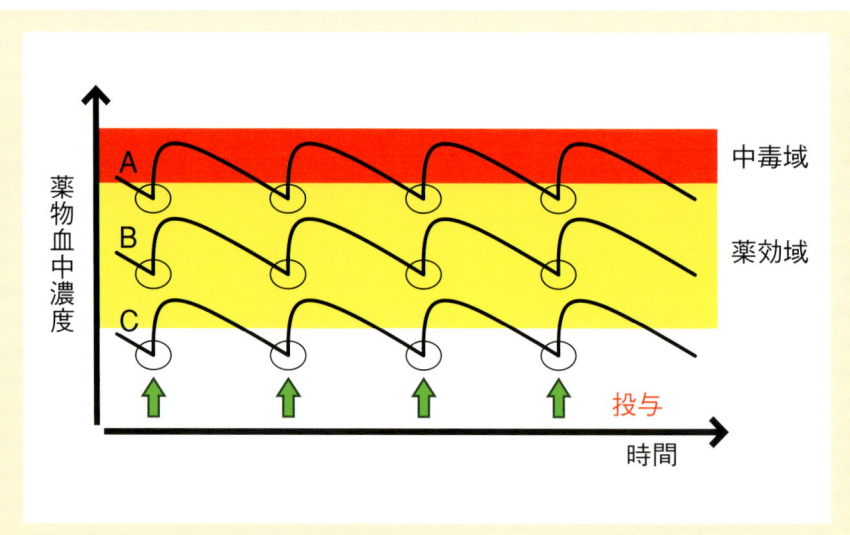

図5　抗てんかん薬の反復投与量設定の概念
次の投与直前の薬物血中濃度であるトラフ値(図中の○印)が，有効血中濃度より下であれば，発作を予防できない期間がある(C)。また，トラフ値が有効域にあっても，最大血中濃度が中毒域に達する場合には良好な結果を得ることはできない(A)。(B)のように，トラフ値と最大血中濃度の両方が薬効域に入るように用量を設定する必要がある

表1　イヌのてんかん治療には適さないヒト用の抗てんかん薬とその理由[10-12]

薬物名	理由
フェニトイン	高用量(20mg/kg TID)反復投与すると，血中濃度は2～3日でヒトの有効濃度に達するが，その後急激に低下し1週間後には検出限界以下となる。肝毒性の報告あり。
カルバマゼピン	血中濃度は，高用量(30mg/kg TID)で1日目は治療域に達するが，2日目から急激に低下し，5日目にはほとんど検出不可能となる。※ヒトの半減期は24～48時間であるのに対し，イヌでは1.2～1.6時間，反復投与後は0.65～0.73時間に短縮する。
バルプロ酸	ヒトでの血中半減期は8～15時間であるが，イヌでは1.5～2.8時間である。180 mg/日でも有効血中濃度に達することはない。
プリミドン	肝毒性が強い。

毒性が強かったりするため，そのすべてが獣医療で使用できるわけではない(表1)。

異なる作用機序の抗てんかん薬を併用することで高い効果が期待できる組み合わせがある。一方で，薬物–薬物相互作用や副作用など併用時に起こり得る事象を把握しておく必要がある。ここでは，イヌやネコで有用性が確認されている抗てんかん薬について紹介し，知見のあるものは併用時の注意事項についても述べる。

フェノバルビタール

フェノバルビタールは，獣医療で古くから使用されている抗てんかん薬である。価格が安く，2～3回/日で長期間の投与が可能である。様々な痙攣発作を抑制できるため，多くのてんかん症例に有効である。そのため，今でも多く用いられている。イヌでは，経口投与後約4～8時間で血中濃度が最高となり，半減期は80～100時間である。血中濃度が安定するのに10～15日を要する。このため，血中濃度測定のための採血は，投与開始後あるいは投与量変更後2～3週間に行うべきである。

抗てんかん薬

[作用機序][13,14]

フェノバルビタールは，神経の脱分極閾値を上昇させることで異常興奮の広がりを抑制することは分かっている。そのはっきりとしたメカニズムは分かっていないが，以下に示す作用が考えられている。

1）中枢神経のシナプス後膜において，抑制性神経伝達物質GABAの作用を増強する（図4，右側）。これによりCl⁻チャネルが開口して興奮性シナプス電位を打ち消すことで，神経興奮を抑制する。

2）グルタミン酸受容体は，興奮性アミノ酸（NMDAやAMPA）の結合により脱分極する興奮性の受容体である。フェノバルビタールは，この受容体に抑制性に作用し神経の異常興奮を抑える。

3）電位依存性Ca^{2+}チャネルは細胞が興奮し膜電位が上昇すると開口し，Ca^{2+}を細胞内に導入する。Ca^{2+}は，細胞内において種々の蛋白のリン酸化などを介し興奮性に働く。フェノバルビタールにはこのCa^{2+}チャネルの抑制作用がある。

[注意すべき点／副作用][14]

代謝酵素誘導作用

フェノバルビタールの大きな特徴は，薬効用量（5 mg/kg PO BID）でチトクロームP450（CYP）に代表される代謝酵素を誘導することである。すなわち，種々の薬物の代謝を促進し，その最高血中濃度を低下させ，半減期を短縮してしまうため，併用薬物の作用を減弱させる可能性がある。抗てんかん薬のゾニサミドは，この促進された代謝経路により分解されるため，通常用量では有効血中濃度に達しない可能性がある。そのため，ゾニサミドの投与量を増加させる必要がある（ゾニサミドの項参照）。

この代謝酵素誘導は，フェノバルビタール投与を中止してもすぐには消失しない。筆者らのビーグルを用いた研究では，フェノバルビタールの反復投与を中止後，少なくとも10週間は酵素誘導が持続していた[15]。

尿pH変動による尿中排泄量の変動

フェノバルビタールは，尿が酸性になると，その尿中排泄量は減少し半減期が延長する。逆にアルカリ尿では尿中排泄量は増加し半減期は短縮する[16]（chapter 1参照）。したがって，結石溶解などの目的で酸性尿／アルカリ尿に変化させるようなフードに変更したときには，フェノバルビタールの血中濃度推移が変化する可能性があるため，徴候観察とともに血中濃度をモニターする必要がある。

副作用

副作用としてよく報告されるものに，鎮静や多飲，多尿，多食，体重増加，運動失調がある。これらの副作用は，最初の数週間で消失する場合が多い。まれにではあるが，致死性の副作用として肝不全がある。イヌでのまれな副作用として，血液疾患（白血球減少症，血小板減少症，貧血）を伴う骨髄壊死や表皮壊死症が報告されている。また，ネコでは顔面や四肢遠位部の瘙痒，白血球減少症，血小板減少症がまれな副作用として報告されている。

ゾニサミド

ゾニサミドは，ヒトにおいて焦点性および全般性発作に有効であり，副作用が少ない薬物である。多くのヒト用の抗てんかん薬は，イヌやネコで副作用が多かったり半減期が短かったりするものが多いが（表1），ゾニサミドは，半減期がイヌで約15時間[15]，ネコで約33時間[17]であるため，1日1回あるいは2回投与で血中濃度を十分に維持できる。フェノバルビタールが無効であったり，副作用のために薬物を変える必要があるときに，ゾニサミドが有用であるケースがある。しかし，フェノバルビタールにより誘導された薬物代謝酵素によりゾニサミドの代謝が促進されてしまうため，併用時にはゾニサミドの用量設定は慎重に行う必要がある（後述）。

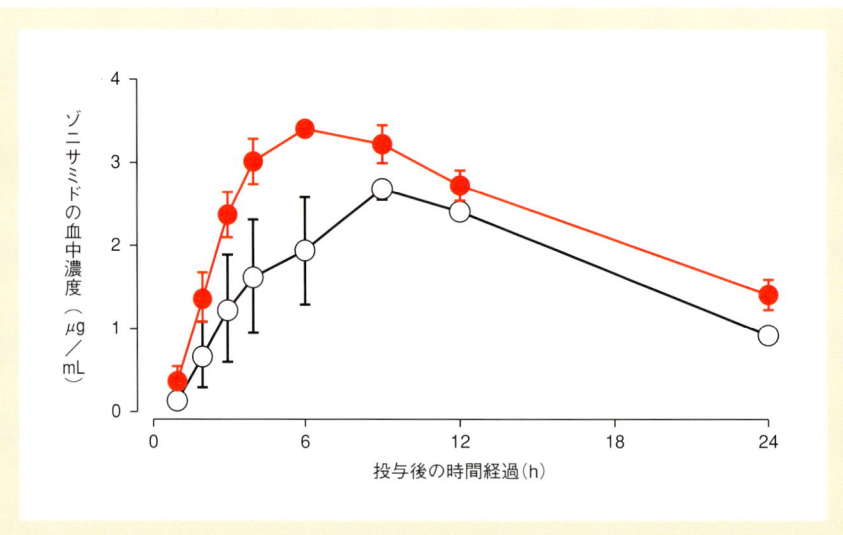

図6 フェノバルビタール（5 mg/kg PO BID）投与前（●）および反復投与開始後30日（○）のゾニサミド（5 mg/kg PO）の血中推移[15]
薬効濃度のフェノバルビタールを反復投与することにより，ゾニサミドの最大血中濃度，半減期および血中濃度－時間下面積（AUC）は減少した．すなわち，フェノバルビタールを併用するとゾニサミドの代謝が促進された

[作用機序]

中枢神経において，シナプス後膜のT型Ca^{2+}チャネルと電位依存性Na^+チャネルが開口すると各イオンが流入し，脱分極が引き起こされる（図4）．ゾニサミドは，この2つのチャネルをブロックする．また，脳のGABA増強作用やグルタミン酸を介する神経興奮に対する抑制作用や，フリーラジカル除去作用も有している．これらの作用により抗痙攣作用を発揮すると考えられている[14]．

[注意すべき点／副作用]

フェノバルビタールとの薬物相互作用とその対処

ゾニサミドは，一部は同じであるもののフェノバルビタールとは異なる作用機序を有する抗てんかん薬である．したがって難治性の症例に対し，この2剤を併用することで発作を抑制できる可能性がある．一方，ゾニサミドは肝臓で代謝されるが，フェノバルビタールはこの代謝系を活性化する作用がある．すなわち，併用するとゾニサミドの代謝が促進され，ゾニサミドの血中濃度が減少する可能性がある．筆者らは，実際に薬効用量のフェノバルビタール（5 mg/kg PO BID）をイヌに反復投与すると，ゾニサミドの最大血中濃度が低下したり半減期が短縮したりすることを確認している（図6）．したがって，フェノバルビタールとの併用時にはゾニサミドの用量を上げる必要がある．ゾニサミドは，投与開始後あるいは投与量変更後4日で血中濃度が定常状態となるため（図7）[18]，これ以降に血清中のゾニサミド濃度をモニタリングし，有効濃度範囲（10〜40μg/mL）に入っているか否かを確認した方がよい．

副作用

イヌでは重篤な副作用は報告されていない．ネコでは，大量投与（20mg/kg；臨床用量の4〜8倍）したときの副作用として食欲不振や下痢，嘔吐，傾眠，運動失調が報告されている．

臭化物

臭化物は，フェノバルビタールとの併用薬として有効性が認められていたが，単独でも有効

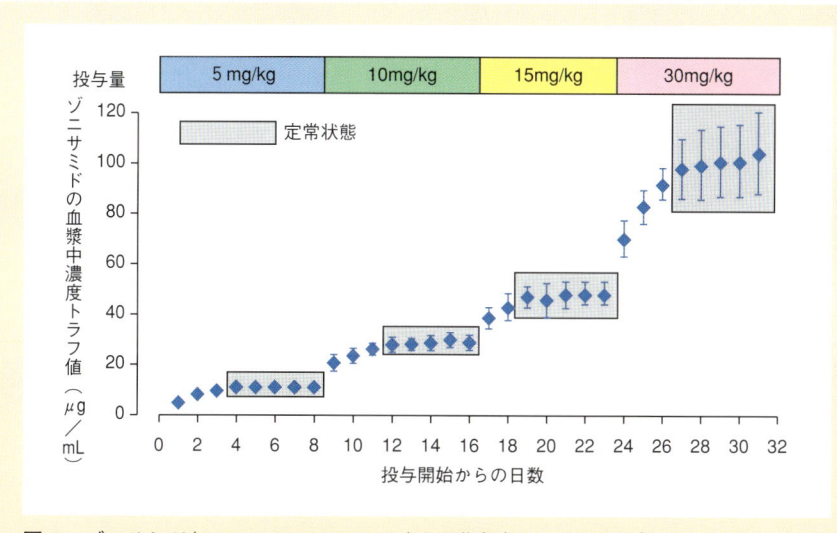

図7 ゾニサミド（5～30mg/kg PO BID）を反復投与したときのゾニサミドのトラフ値（次回の投与直前の血中濃度）[18]
ゾニサミドを5mg/kgから順に10, 15, 30mg/kg PO BIDに変更したときの値を示す。いずれの投与用量でも，3～4日でゾニサミド血中濃度は定常状態に達した

表2 抗てんかん薬の推奨用量[13]

薬物名	用量
フェノバルビタール	イヌ：2～5 mg/kg PO q12h ネコ：1.5～2.5mg/kg PO q12h
臭化カリウム	イヌ／ネコ：35～45mg/kg POを1回/日あるいはこの量を2回/日に分けて投与。 イヌ：ローディング用量400～600mg/kgを4回に分けて投与（副作用に注意）。 　　　なお投与間隔は24h以上とする。
ゾニサミド	イヌ：5～10mg/kg PO q12h ネコ：2.5～5 mg/kg PO q12h
ガバペンチン	イヌ：300～1,200 mg PO q8h 4週間または25～60mg/kg量を8 h間隔で3回あるいは6 h間隔で4回に分けて投与。
レベチラセタム	イヌ：20 mg/kg PO q8h

であることが明らかになってきた。抗てんかん作用を有する臭化物として，臭化カリウムと臭化ナトリウムがある。同じ質量では，臭化ナトリウムの方が臭素の含有率が高いため，臭化カリウムの投与量から換算すると，臭化ナトリウムの投与量は約15%減少させる必要がある。臭素イオン（Br^-）は腎より排泄されるため，肝疾患症例には適している。

[作用機序]

神経細胞において，Br^-がCl^-チャネルから入り，膜を過分極させることが作用メカニズムのひとつと考えられている。

[注意すべき点／副作用]

血中濃度を薬効濃度まで引き上げる方法

Br^-の半減期はイヌで23～58日と長いため[19]，定常状態に達するまで100日以上かかる。したがって，初期量（ローディング用量）として大量の臭化物を数日間投与し，その後維持用量（メンテナンス用量）に切り替えた方が，早く定常状態に到達することができる（表2）。

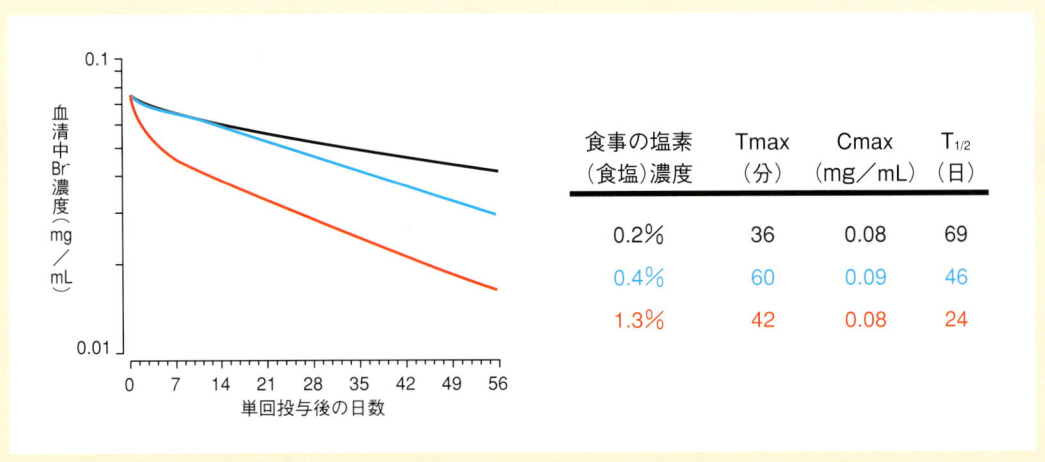

図8 異なる塩素濃度の食事を与えたイヌに臭化ナトリウム（14mg/kg）を投与した際の血清中臭素イオン（Br⁻）濃度の変化[21]

食事の塩素 (食塩)濃度	Tmax (分)	Cmax (mg／mL)	T$_{1/2}$ (日)
0.2％	36	0.08	69
0.4％	60	0.09	46
1.3％	42	0.08	24

0.2，0.4および1.3％の塩素濃度のフードを摂取した場合，Br⁻の血中濃度最大到達時間(Tmax)や最高血中濃度(Cmax)は変化がなかったが，血中半減期(T$_{1/2}$)は塩素濃度が高くなるにつれ短縮した

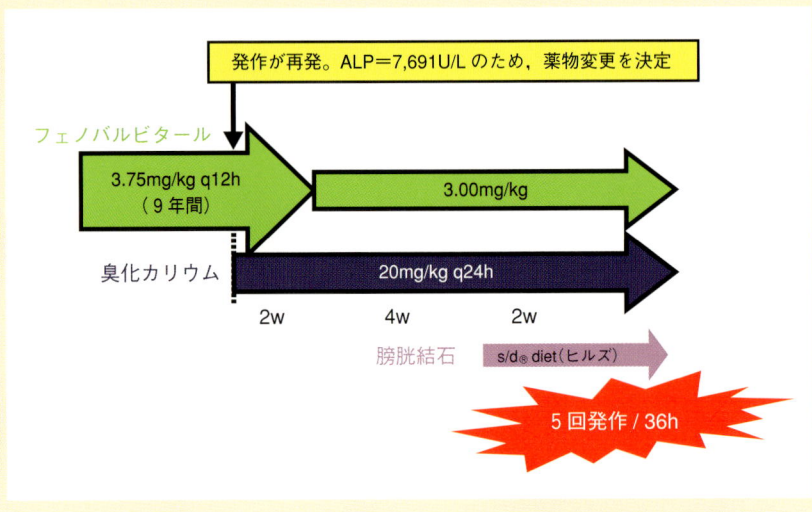

図9 6カ月齢で特発性てんかんを発症したダックスフンド（11歳齢，10kg）の治療と食事療法の推移[22]

副作用

　副作用としては，フェノバルビタールと同様の運動失調や多飲，多尿，多食がある。まれではあるが，運動過多や持続性の咳も認められる。嘔吐もまれに認められるが，これは臭化物の高張性や直接的な消化管への刺激作用により引き起こされている可能性がある。カプセルを用いて投与すると，嘔吐を抑制できることもある。

　ある獣医臨床研究により，臭化物とネコの特異体質性のアレルギー性間質性肺炎（臨床徴候としては持続性の気管支喘息）との関連性が指摘されている。断薬により改善するが，しばしば重篤となるため注意が必要である。また臭化物は，約35％のネコでしか，てんかん発作をコントロールできないという報告もある[20]。

食物－薬物相互作用の可能性：塩分摂取の影響

　臭化物は，食物－薬物相互作用を引き起こす

表3　重積時の抗てんかん薬の推奨用量[13]

薬物名	用　量
ジアゼパム	イヌ／ネコ：0.5〜1.0mg/kg IV ボーラス投与。※痙攣をコントロールするために数分以上の間隔で2〜3回繰り返す。 イヌ：0.5〜1.0mg/kg PR（フェノバルビタールを投与している場合は2mg/kg）
フェノバルビタール	イヌ／ネコ：2〜4mg/kg IV q20〜30分　※必要であれば総量が20mg/kgとなるまで20〜30分ごとにくり返し投与する。痙攣がコントロールできたら維持用量のフェノバルビタール（2〜4 mg/kg IV q6h 24〜48時間）を投与する。嚥下が可能になり次第，経口の抗てんかん薬治療を再開すべきである。
ペントバルビタール	イヌ／ネコ：上述の治療でも10〜15分以上痙攣が続くときに用いる。用量は，3〜15mg/kg IVが推奨される。ジアゼパムとフェノバルビタールはペントバルビタールの作用を増強することで呼吸抑制を惹起する可能性があるため，ゆっくり投与する必要がある。痙攣がコントロールできた際には，心循環機能を評価すべきである。人工呼吸あるいは酸素供給が必要な場合もある。

可能性がある。臭化カリウムや臭化ナトリウムは，体内でBr⁻が抗てんかん作用を発揮する。Br⁻は腎臓糸球体で濾過されるが，通常は尿細管より再吸収されるため血中濃度は維持される。しかし，体内にNa⁺やCl⁻が多いとき（Na⁺，Cl⁻摂取量が多いとき）は，尿細管からの再吸収が阻害されるため，Br⁻の尿中への排泄が多くなる。この結果，Br⁻の血中濃度が低下してしまう（図8）。

6カ月齢で特発性てんかんを発症したダックスフンド（11歳齢，10kg）について以下の報告がある（図9）。この症例は，9年間フェノバルビタール（3.75mg/kg PO q12h）単独で発作をコントロールできていた。しかし発作が再発し，肝酵素が高値を示していたため臭化カリウム（20mg/kg PO q24h）の投与を開始し，2週間後にフェノバルビタールの投与量を3mg/kg PO q12hに減少させた。その後膀胱結石が生じたため，ヒルズのs/d® diet（塩素の乾物量換算値：2.36%）を与えはじめた。すると2週間後に36時間で5回の発作が生じた。s/d® dietを与える前の臭化物の血中濃度は，有効血中濃度範囲（1〜3 mg/mL）[14]の1.1mg/mLであったが，s/d® dietを与えはじめてからは0.4mg/mLまで低下してしまった。s/d®をc/d®（塩素の乾物量換算値：0.48%）に変更すると，7週間後には0.99mg/mLまで回復した（図9）。

Personal communicationであるが，てんかん発作予防のため臭化カリウムを投与しているイヌが海を泳いでいる最中に発作を引き起こしたというケースがある。この症例は海水（約3.5% NaCl溶液に相当）を飲んだと考えられる。このように，塩化ナトリウムの摂取量が多くなると，臭化物の排泄が促進し，臭化物の血中濃度が低下する。この結果としててんかん発作が起きやすくなる。

ベンゾジアゼピン系薬物（ジアゼパム）

ヒトでは，多くのベンゾジアゼピン系薬物が用いられているが，イヌやネコの抗てんかん薬として最も多く用いられているのはジアゼパムである。イヌでは，ジアゼパムは初回通過効果（chapter 1参照）が大きいため，経口投与後の半減期は2〜4時間と短い。しかも抗てんかん作用に対する耐性が発現するため，反復経口投与による継続的なてんかん予防には適さない[13]。一方，ジアゼパムは脂溶性が高いため血液–脳関門を通りやすく，迅速に脳脊髄液に達する。したがって，てんかん重積に対しては，イヌとネコ両方においてジアゼパムの静脈内投与が第一選択となる。

ネコでは，ジアゼパム経口投与により効果的

に抗痙攣作用を発揮するが，副作用として致死性肝壊死が報告されているため，使用しない方がよい[20]。別の薬物（臭化物など）を用いる方がよいかもしれない。

日本で手に入れることができるベンゾジアゼピン系薬物としてクロナゼパムがある。これはジアゼパムより作用が強く持続性もあり，ヒトでは急性および慢性の抗てんかん薬として用いられている。しかしイヌでは酵素誘導が引き起こされ，耐性が生じるため，長期投与で抗てんかん作用を維持するのは難しい[13]。

［作用機序］

ベンゾジアゼピン系薬物は，抑制性神経のGABA活性を増強する。このためCl^-チャネルが開き，細胞内にCl^-が流入することで神経興奮に対し抑制作用を発揮する（図4，右側）。

［注意すべき点／副作用］

ネコでは，ジアゼパムの経口投与で急性の致死性肝壊死を引き起こす可能性がある。

● おわりに

イヌやネコで有用性が確認されている抗てんかん薬について解説した。現在ヒト用の抗てんかん薬として，世界で15以上の新しい化合物が開発中である（Podell，ACVIM 2010）。既存の薬物の改良型や新しいメカニズムのものもある。これらの薬物の中で，獣医療にも応用できるものがあるかもしれない。今後の薬物開発の展開に期待したい。

■参考文献

1) 多摩獣医臨床研究会，イヌ・ネコの疾病統計，ed. 多摩獣医臨床研究会編．2009，東京：インターズー．
2) Saito, M., et al., Risk factors for development of status epilepticus in dogs with idiopathic epilepsy and effects of status epilepticus on outcome and survival time: 32 cases (1990-1996). J Am Vet Med Assoc, 2001. 219: 618-23.
3) Thomas, W.B., Idiopathic epilepsy in dogs and cats. Vet Clin North Am Small Anim Pract, 2010. 40: 161-79.
4) Berendt, M., et al., Premature death, risk factors, and life patterns in dogs with epilepsy. J Vet Intern Med, 2007. 21: 754-9.
5) Lindsten, H., et al., Mortality risk in an adult cohort with a newly diagnosed unprovoked epileptic seizure: a population-based study. Epilepsia, 2000. 41: 1469-73.
6) Lowenstein, D.H. and B.K. Alldredge, Status epilepticus. N Engl J Med, 1998. 338: 970-6.
7) Podell, M., Seizures in dogs. Vet Clin North Am Small Anim Pract, 1996. 26: 779-809.
8) Chandler, K., Canine epilepsy: what can we learn from human seizure disorders? Vet J, 2006. 172: 207-17.
9) Zimmermann, R., et al., Status epilepticus and epileptic seizures in dogs. J Vet Intern Med, 2009. 23: 970-6.
10) Frey, H.H. and W. Loscher, Pharmacokinetics of anti-epileptic drugs in the dog: a review. J Vet Pharmacol Ther, 1985. 8: 219-33.
11) Schwartz-Porsche, D., et al., Therapeutic efficacy of phenobarbital and primidone in canine epilepsy: a comparison. J Vet Pharmacol Ther, 1985. 8: 113-9.
12) Nash, A.S., et al., Phenytoin toxicity: a fatal case in a dog with hepatitis and jaundice. Vet Rec, 1977. 100: 280-1.
13) Vernau, K.M. and R.A. LeCouteur, Anticonvulsant drugs, in Small Animal Clinical Pharmacology, J.E. Maddison, et al., Editors. 2008, Saunders: Edinburgh. p. 367-379.
14) Dewey, C.W., Anticonvulsant therapy in dogs and cats. Vet Clin North Am Small Anim Pract, 2006. 36:1107-27, vii.
15) Orito, K., et al., Pharmacokinetics of zonisamide and drug interaction with phenobarbital in dogs. J Vet Pharmacol Ther, 2008. 31: 259-64.
16) Fukunaga, K., et al., Effects of urine pH modification on pharmacokinetics of phenobarbital in healthy dogs. J Vet Pharmacol Ther, 2008. 31: 431-6.
17) Hasegawa, D., et al., Pharmacokinetics and toxicity of zonisamide in cats. J Feline Med Surg, 2008. 10: 418-21.
18) Fukunaga, K., et al., Steady-state pharmacokinetics of zonisamide in plasma, whole blood, and erythrocytes in dogs. J Vet Pharmacol Ther, 2010. 33: 103-6.
19) Trepanier, L.A. and J.G. Babish, Pharmacokinetic properties of bromide in dogs after the intravenous and oral administration of single doses. Res Vet Sci, 1995. 58: 248-51.
20) Smith Bailey, K. and C.W. Dewey, The seizuring cat. Diagnostic work-up and therapy. J Feline Med Surg, 2009. 11: 385-94.
21) Trepanier, L.A. and J.G. Babish, Effect of dietary chloride content on the elimination of bromide by dogs. Res Vet Sci, 1995. 58: 252-5.
22) Shaw, N., et al., High dietary chloride content associated with loss of therapeutic serum bromide concentrations in an epileptic dog. J Am Vet Med Assoc, 1996. 208: 234-6.

Tea break くすりのよもやま話 ⑥

当初は高血圧の治療薬であったリアップ
　リアップの薬効成分であるミノキシジルは，高血圧治療を目的とした経口錠剤として上市されていた。しかし，体毛が増えるという副作用が認められ，これを利用して開発されたものが医療用外用発毛剤リアップである。リアップは新規薬物であるにもかかわらず，医療用医薬品として上市されず直接一般用医薬品（ダイレクトOTC）として発売された。

chapter 7

抗がん剤の薬理作用と獣医臨床でのエビデンス

●はじめに

　がんは，高齢犬で最も多い死因のひとつである。抗がん剤治療の最終ゴールは，疾患から解放された状態での長期生存である。すべてのがん細胞の根絶が理想であるが，完全治癒が達成されない場合は，QOLの改善が目標となる。抗がん剤治療は，外科手術や放射線療法などの局所療法では治癒できない広範の腫瘍や，がんが播種して外科手術での治療が見込めない場合に適応となる。抗がん剤のほとんどが強力な細胞毒性を持ち，分裂の盛んながん細胞に対して殺傷的に作用する。一方で，増殖の盛んな正常細胞（骨髄，消化管上皮，毛根，胚，リンパ組織など）も抗がん剤の細胞毒性のターゲットとなり，副作用として貧血などの骨髄抑制や，下痢などの消化器徴候を惹起してしまう。すなわち，副作用のない抗がん剤はないといっても過言ではない。臨床の現場では，多種の抗がん剤を用いることで，多角的にがん細胞を殺傷し，副作用を極力抑える併用療法が試みられている。

　本章では，はじめに腫瘍細胞の増殖の特徴と抗がん剤の治療概念について解説する。次に，各抗がん剤の特徴を解説し，報告されている治療とその予後について紹介する。

●腫瘍細胞とその増殖の概念

　腫瘍とは，体内で周辺組織とは無関係に過剰な増殖を行う細胞の塊のことをいう。良性腫瘍は周囲組織との境界が明瞭で，膨張性で連続的な発育様態をとる。一方悪性腫瘍は，周囲組織との境界が不明瞭で，発育形式は浸潤性，破壊性であり，増殖の様相は正常細胞とは著しく異なる。例えば，L1210リンパ腫細胞は12時間ごとに分裂し細胞数は2倍になる。この割合で増加すると，理論的には1個の細胞が15日（30回の分裂）で10億（10^9）個まで増加する。一般に固形がんが触知できる大きさは，皮膚や口腔内は1g（細胞数＝10^9個），内臓では10g（10^{10}個）といわれている。したがって，L1210リンパ腫細胞を1個移植すれば，半月ほどで触知できる大きさまで増殖するということになる[1]。

　抗がん剤により腫瘍細胞の殺傷を目的とする治療を行う際には，抗菌薬治療とは異なる治療概念を持つ必要がある。細菌感染で抗菌薬を使用する場合，その殺菌作用により病因菌を99.999％殺傷すれば，残り0.001％の菌は動物の免疫学的反応などの自己治癒力により殺傷できるかもしれない（図1A）。しかし，腫瘍細胞の場合はこのような自己治癒を期待できない。抗がん剤で腫瘍細胞を99.999％殺傷すると一見完治したようにみえる。しかし，残存している0.001％の細胞が増殖すれば，がんは再燃する可能性が非常に高い（図1B）[2]。

●抗がん剤治療の概念 －対数（ログ）殺傷

　抗がん剤によるがん細胞の殺傷は，一時反応

抗がん剤

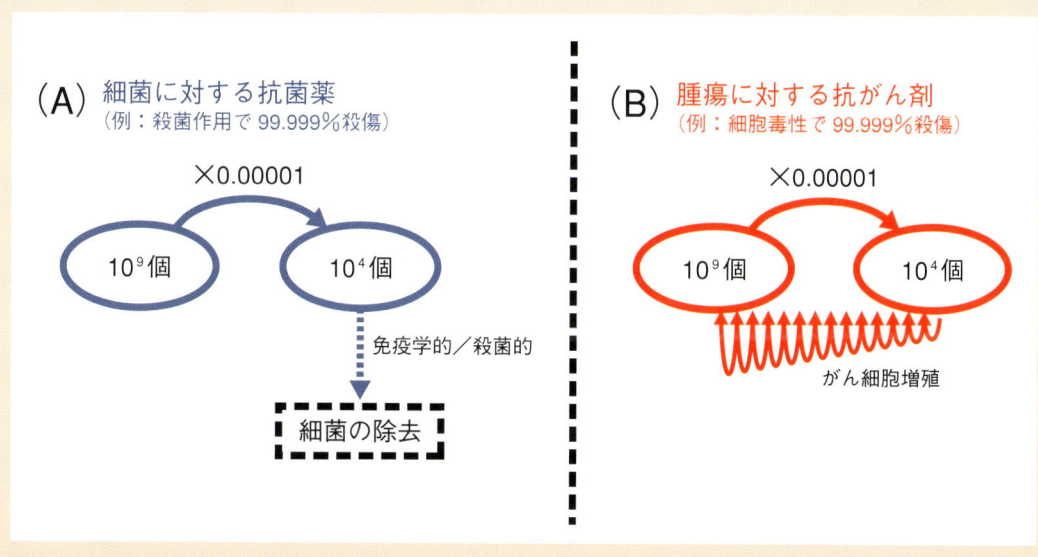

図1 細菌と腫瘍に対する薬物治療概念の違い

(A) 細菌に対する抗菌薬（例：殺菌作用で99.999％殺傷）

10^9個 ×0.00001→ 10^4個 → 免疫学的／殺菌的 → 細菌の除去

(B) 腫瘍に対する抗がん剤（例：細胞毒性で99.999％殺傷）

10^9個 ×0.00001→ 10^4個（がん細胞増殖）

細菌感染では，抗菌薬治療後に生存している菌は，動物の免疫学的反応などの自己治癒力で殺菌される(A)。一方腫瘍細胞は，抗がん剤でがん細胞数を少なくできたとしても，残りのがん細胞が再び増殖し，触知できる大きさまで腫瘍が大きくなる可能性がある(B)。

表1 90％の細胞を殺傷する抗がん剤を反復投与した際のがん細胞に対する効果（概念）

薬物の投与回数	病的状態（大きさ）	腫瘍細胞数	薬物投与後の生存腫瘍細胞数
1	病的状態（触知可能）	10,000,000,000（10^{10}）	1,000,000,000（10^9）
2		1,000,000,000（10^9）	100,000,000（10^8）
---	---	臨床上の完全寛解※	---
3	潜在性（触知不可能）	100,000,000（10^8）	10,000,000（10^7）
4		10,000,000（10^7）	1,000,000（10^6）
5		1,000,000（10^6）	100,000（10^5）
6		100,000（10^5）	10,000（10^4）
7		10,000（10^4）	1,000（10^3）
8		1,000（10^3）	100（10^2）
9		100（10^2）	10（10^1）
10		10（10^1）	1
11		1（10^0）	0

※腫瘍細胞数が10^9個を下回ると腫瘍塊が触知不可能となるため，完全寛解とされる

速度に従う。すなわち，ある効果的な抗がん剤は，一定の数のがん細胞を殺傷するのではなく，ある割合のがん細胞を殺傷する。例えば90％のがんを殺傷する効果的な抗がん剤があった場合，がん細胞が10個であれば9個，1,000個であれば900個のがん細胞を殺傷する。したがって，10,000,000,000（10^{10}）個のがん細胞に対しては，1回の投与で9,000,000,000（$9×10^9$）個を殺傷して1,000,000,000（10^9）個に，2回では100,000,000（10^8）個となる。10^8個は，腫瘍が触知不可能の状態（＝臨床上の完全寛解）である。理論的には，10^{10}個のがん細胞に対し90％のがんを殺傷する抗がん剤は，11回の治療でがん細胞をゼロにできる（表1）。しかし，実際には薬物の副作用により投与が継続できなかったり，薬剤耐性のある細胞が多くなったりするため，がん細胞を根絶する前に治療を中止あるいは変更する必要がある。

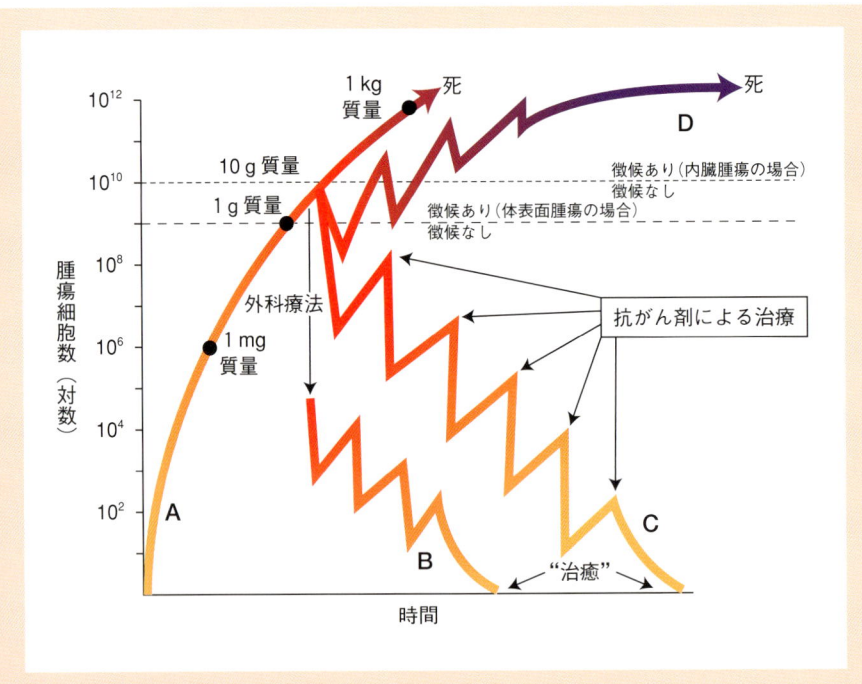

図2 腫瘍の外科的および抗がん剤による治療の概念[2]
無治療ではがん細胞は倍増する(A)。固形腫瘍は外科手術で切除できるため、腫瘍細胞数を一過性に減少させることができる。その後の抗がん剤治療で治癒に至る(B)。リンパ腫など切除不可能な腫瘍の場合は、複数の抗がん剤を用いて効果を増加させ、副作用を分散させる治療を行うことで治癒に至る(C)。抗がん剤治療でいったんは寛解しても、抵抗性が増大した場合は、がん細胞の質量が増大する(D)。皮膚や可視粘膜など体表面あるいは表面下の腫瘍の場合は1g以上での大きさで触知可能である。一方、内臓腫瘍では10g以上にならないと触知できない場合がある。図では1gと10gに点線を引いた。これ以下では完全寛解、これ以上では腫瘍徴候ありと判断する

抗がん剤治療の概念 －腫瘍細胞数と時間の関係[2]

体内のがん細胞数は、手術や薬物治療により変化する。無処置、手術および抗がん剤治療、抗がん剤治療の場合の腫瘍細胞数の経時的変化と予後について、概念を以下に示す。

1) 無処置の場合(図2A)

がん細胞数は経時的に倍増し質量は増大する。器官の崩壊と機能不全が生じ、最終的に死に至る。

2) 外科手術と抗がん剤治療の併用(図2B)

固形腫瘍であれば外科手術で切除できるため、一過性にがん細胞数が減少する。術後の継続的な抗がん剤治療により潜在性の微小転移を抑制すれば、完全治癒に至る。

3) 抗がん剤による薬物治療(図2C)

リンパ腫のように播種性の腫瘍は切除不可能である。この場合は、完全治癒を目標に抗がん剤の治療を行う。ひとつの薬物のみを継続的に用いると、耐性が発現して効果が減少あるいは消滅する可能性がある。また、抗がん剤の有する特定の器官への毒性が継続的な負荷となるため、器官不全を引き起こす場合がある。一方、作用機序や標的が異なる抗がん剤や質的に異なる毒性作用を有する抗がん剤は、理論的には極量で組み合わせることができる。これらの薬物

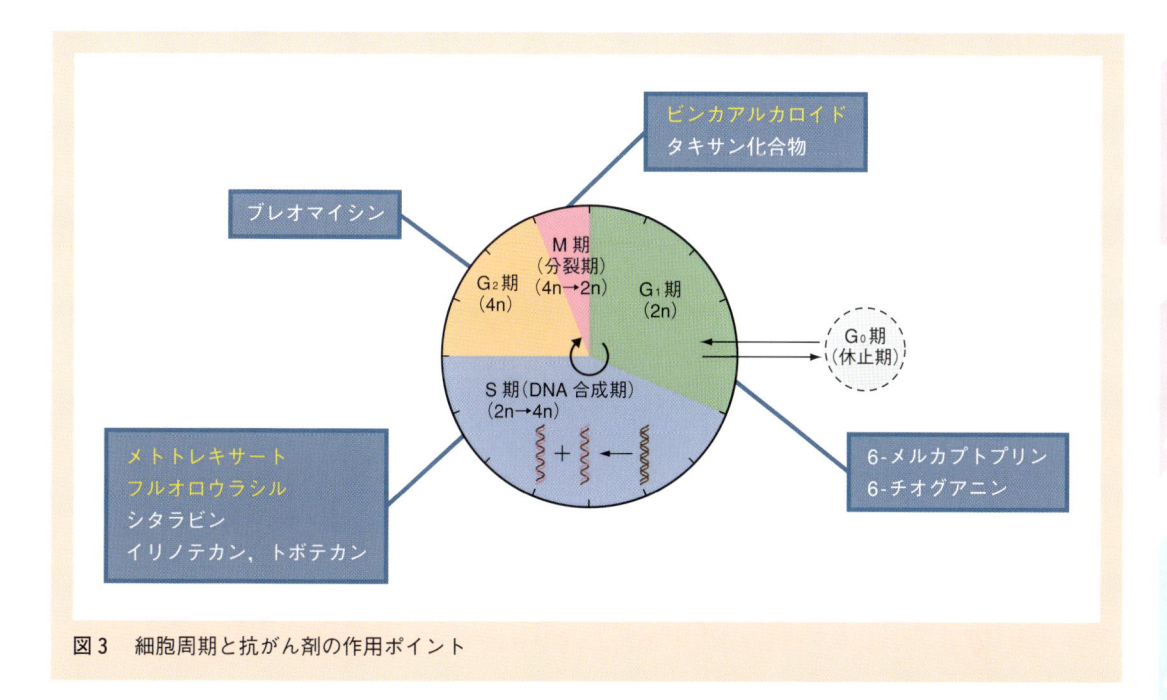

図3 細胞周期と抗がん剤の作用ポイント

を併用することにより，がん細胞を多角的に抑制することができるため，副作用の少ない効果的な併用薬物治療ができる。

4) 対症的治療（図2D）

腫瘍細胞の薬物抵抗性が増大した場合は，抗がん剤によるがん細胞の十分な殺傷が見込めない。一時的なQOLの改善や延命効果は期待できるが，最終的には死に至る。

●ゴルディーコールドマン仮説

多くのがんは，クローン（まったく同一の遺伝子を持つ細胞）の集合体であるが，内在性の遺伝子不安定性により多くの不均一性のがん細胞を含有する。このような細胞が分裂していく過程で新しくサブクローン化され，薬物耐性を獲得することがある。ゴルディーコールドマン仮説は，「がんが薬剤耐性のクローンを含有する確率は，変異率とがんの大きさに依存する」というものである。この仮説に基づくと，がんは薬剤耐性クローンを少なからず含有しているため，治療には効果的で交差耐性を示さないあらゆる抗がん剤を使用することが最良の方法である[3]。後述するように，実際に獣医療においても多剤併用療法が行われている。

●抗がん剤

抗がん剤の中には，細胞の増殖周期の特異的な個所に影響を及ぼして抗がん作用を発揮する細胞周期特異的薬物がある。細胞周期は，DNA複製によりDNAが倍加する時期であるS期，細胞分裂期であるM期，S期からM期に移行する間のG_2期，M期からS期に移行するG_1期がある。

細胞周期特異的薬物には，ビンカアルカロイドやメトトレキサート，フルオロウラシルなどがある。各抗がん剤の細胞周期上の作用ポイントについては図3に示した。

一方，細胞周期に関係なくがん細胞を殺傷する非細胞周期特異的薬物には，シクロフォスファミドをはじめとするアルキル化剤，抗生物質，ニトロソウレア，シスプラチン，ドキソルビシンなどがある。

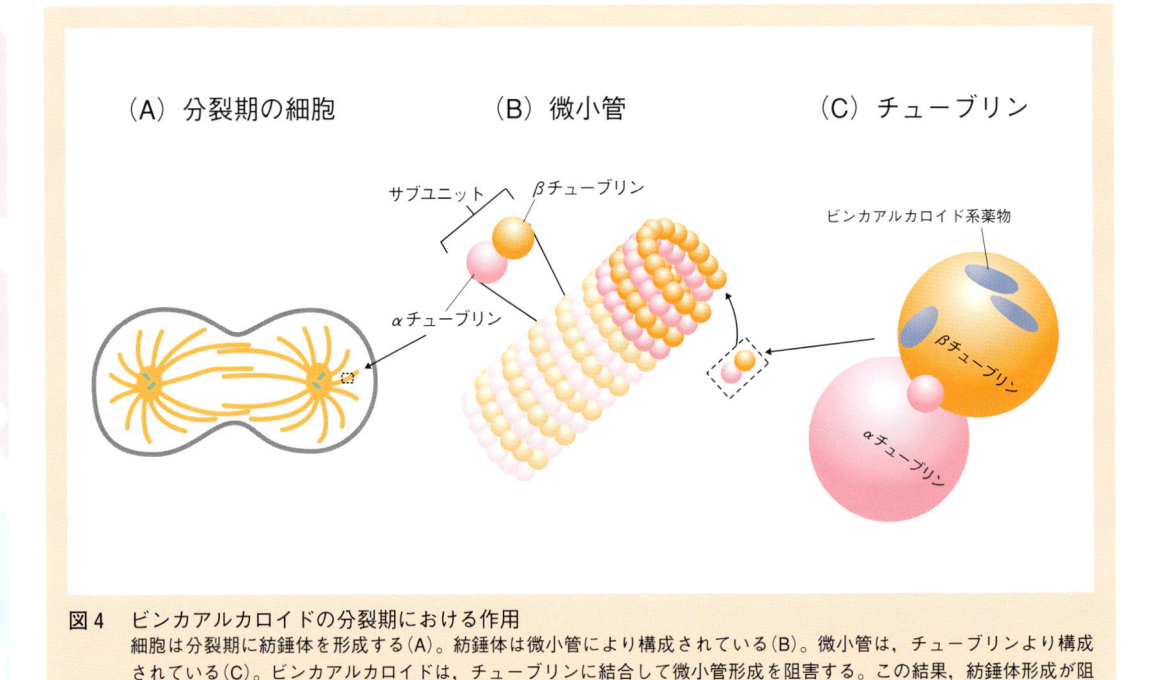

図4　ビンカアルカロイドの分裂期における作用
細胞は分裂期に紡錘体を形成する(A)。紡錘体は微小管により構成されている(B)。微小管は，チューブリンより構成されている(C)。ビンカアルカロイドは，チューブリンに結合して微小管形成を阻害する。この結果，紡錘体形成が阻害され，分裂中期で核分裂を停止させる

ビンカアルカロイド：

ビンブラスチン，ビンクリスチン

[作用機序]

　細胞の分裂期(M期)では，紡錘体が形成される(図4A)。紡錘体は微小管で構成されており(図4B)，微小管はチューブリンで構成されている(図4B, C)。ビンカアルカロイドは，チューブリンに結合することで，微小管形成を阻害する。この作用により核分裂を分裂中期で停止させる(図3)。

[薬物動態]

　静脈内投与後，全身に分布するが中枢神経には分布しない。肝臓で代謝され，胆汁，糞中，わずかではあるが尿中に排泄される[4]。

[副作用]

　血管外漏出すると，重度の組織刺激と壊死が起こる。イヌにおいて神経毒性を認めるが，ビンクリスチンはビンブラスチンより重篤な神経毒性(知覚異常，便秘，麻痺性イレウスなど)を示すことがある。ネコでは両薬物とも神経毒性を有しており，便秘や麻痺性イレウスを引き起こす。またこれにより，摂食障害を誘発する。骨髄抑制は，ビンブラスチンの方が重度になる場合がある。

代謝拮抗剤：

　核酸の生合成を阻害することでDNA/RNA合成や細胞増殖を抑制する薬物である。メトトレキサートや5-フルオロウラシルがある。

メトトレキサート

[作用機序]

　葉酸は，RNAやDNAの構成成分であるアデニンやグアニンなどの生合成に重要な役割を果たしている。メトトレキサートは，ジヒドロ葉酸から活性型のテトラヒドロ葉酸に変換するジヒドロ葉酸還元酵素を阻害する(図5)。この作用によりDNA合成期に細胞分裂が停止する(図

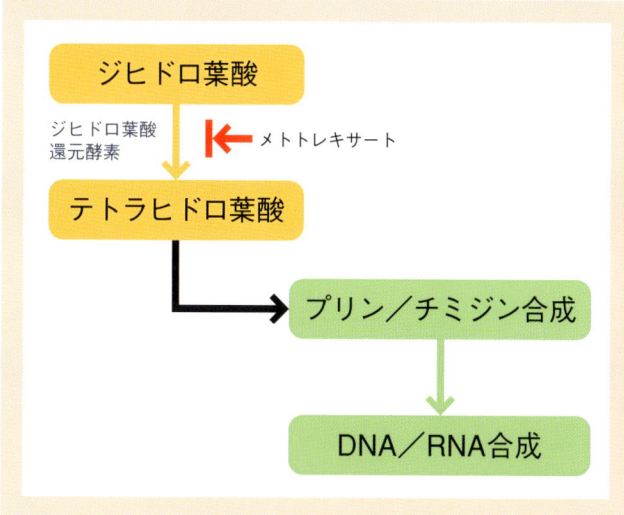

図5　DNA／RNA合成における葉酸の役割とメトトレキサートの作用
テトラヒドロ葉酸は，核酸を構成するアデニンやグアニンなどの塩基成分であるプリンやチミジンなどの合成に重要な役割を果たす。メトトレキサートは，ジヒドロ葉酸からテトラヒドロ葉酸に変換する酵素（ジヒドロ葉酸還元酵素）を阻害する。これにより核酸生成が阻止され，細胞分裂が停止する

3）。アデニンやグアニンなどのヌクレオチドは，がん細胞以外の細胞の分裂にも必須であるため，メトトレキサートは正常細胞にも影響を与える。しかし，がん細胞は成長速度が速いため葉酸の要求量が多い。そのため，メトトレキサートの感受性は正常細胞より高い。

[薬物動態]

$30mg/m^2$ より少ない量を経口投与した場合，速やかに吸収され全身に分布する（腎臓，脾臓，肝臓，胆嚢，皮膚では高濃度）。経口投与では脳脊髄液に入りにくく治療濃度に達しない。したがって，くも膜下腔に注入する必要がある。半減期は2〜4時間で，腎臓から糸球体濾過と能動輸送で排泄される[4]。

[副作用]

食欲不振，嘔吐がよく認められる。口腔内潰瘍形成や下痢もみられることがある。ヒトでは低用量，長期間投与で肝不全が生じることが問題となっている。イヌで肝毒性を有することが報告されているので，注意が必要である。また，非ステロイド性抗炎症薬（NSAIDs）は，腎排泄を抑制することでメトトレキサートの毒性を強める。したがって，これらの薬物との併用は避けるべきである[1]。

5-フルオロウラシル

[作用機序]

デオキシチミジン一リン酸（dTMP）はDNA合成に必須のデオキシヌクレオチドであり，デオキシウリジン一リン酸（dUMP）からチミジル酸合成酵素により生成される（図6）。5-フルオロウラシル（5-FU）は，それ自体は抗腫瘍活性はなく，細胞内でデオキシヌクレオチド（5-FdUMP）に変換されてから効力を発揮する。この5-FdUMPは，チミジル酸合成酵素を阻害することでDNA／RNA合成を阻害する（図6）。5-FUは，メトトレキサート同様，DNA合成期に細胞分裂を停止させる薬物である（図3）。

[薬物動態]

静脈内投与後，がん細胞や消化管粘膜，肝臓，骨髄に分布する。主に肝臓で代謝され，15％は未変化体で尿中に排泄される。これらの作用により速やかに血中から消失する（ヒトにおける半減期は約15分）[4]。

[副作用]

用量依存性の骨髄抑制（好中球減少症や血小板

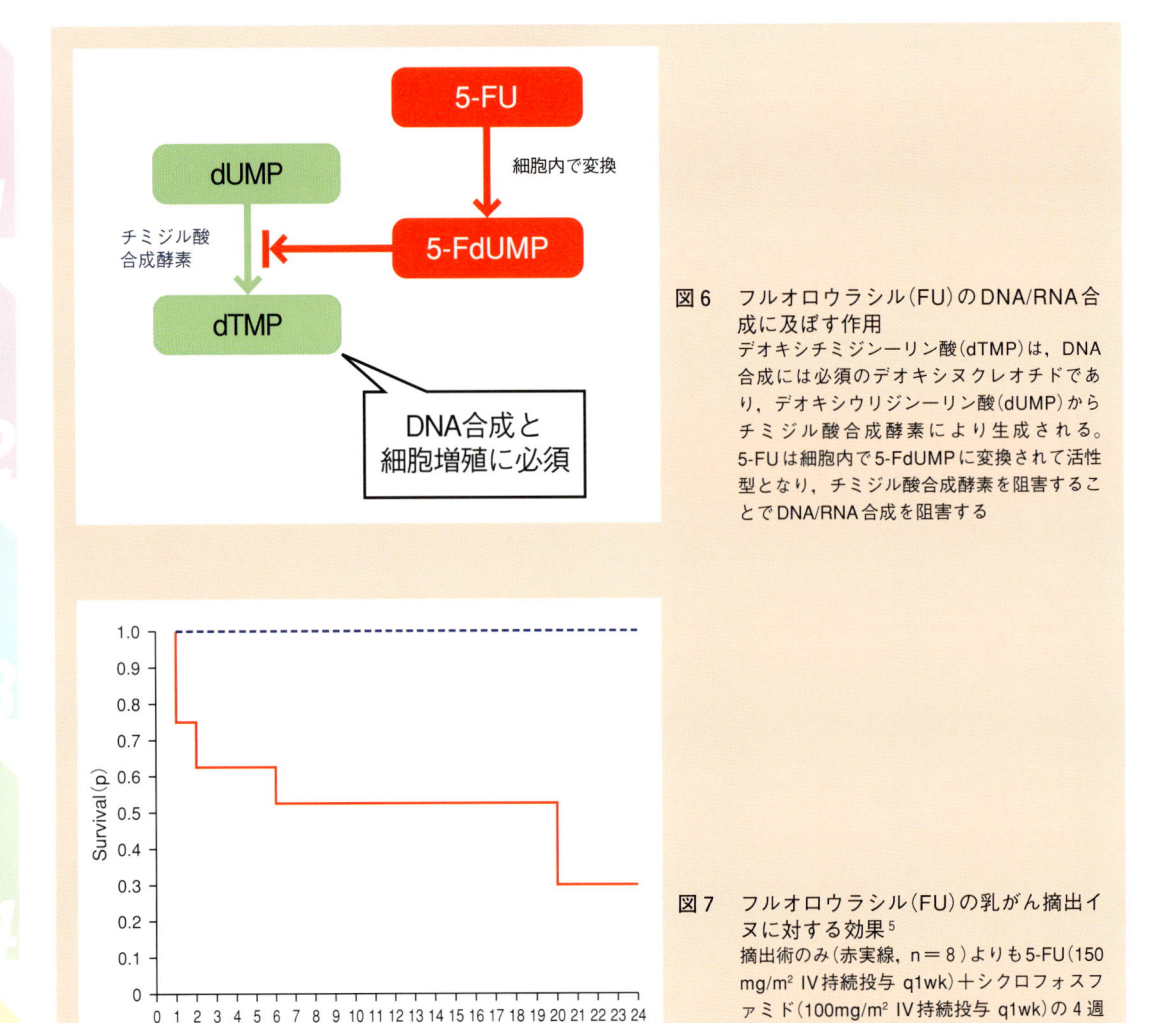

図6 フルオロウラシル（FU）のDNA/RNA合成に及ぼす作用
デオキシチミジン一リン酸（dTMP）は，DNA合成には必須のデオキシヌクレオチドであり，デオキシウリジン一リン酸（dUMP）からチミジル酸合成酵素により生成される。5-FUは細胞内で5-FdUMPに変換されて活性型となり，チミジル酸合成酵素を阻害することでDNA/RNA合成を阻害する

図7 フルオロウラシル（FU）の乳がん摘出イヌに対する効果[5]
摘出術のみ（赤実線，n＝8）よりも5-FU（150mg/m² IV持続投与 q1wk）＋シクロフォスファミド（100mg/m² IV持続投与 q1wk）の4週までの併用（青点線，n＝8）の方が生存率が高かった

減少症）や胃腸障害（下痢，潰瘍，口内炎），痙攣がある。有効マージンが狭いため注意が必要である（このため，獣医療域での使用は限られている）。
※ネコでは重篤で致死的な神経毒性を生じるため，局所投与を含めあらゆる投与経路での5-FUは禁忌である[4]。

［臨床効果］
　乳がん摘出イヌ症例における研究で，交通事故など，がんとは異なる原因で死亡した症例を除くと，摘出術のみでは1～2カ月以内の肺への転移が7例中5例であり，完全寛解は2例のみであった。摘出術に加え5-FU（150mg/m² IV持続投与 q1wk）とシクロフォスファミド（100mg/m² IV持続投与 q1wk）を術後1週より4回併用した症例では，6例すべてで2年以上の完全寛解が得られた（図7）[5]。

アルキル化薬：

シクロフォスファミド

［作用機序］
　シクロフォスファミドは，DNAをアルキル化することでDNAの統一性と機能を阻害する。

急速に分裂中の細胞に対して強い細胞毒性を有するが，分裂していない細胞にも作用する。細胞増殖に依存するが，細胞周期には非特異的に効果を発揮する。

［薬物動態］

　経口吸収はよく，全身に分布し投与後1時間で血中濃度が最大となる。母乳に移行し胎盤も通過する。脳脊髄液にも分布するが治療濃度以下である。シクロフォスファミドは肝CYPにより代謝されるが，この代謝物が活性を有する。静注した場合の半減期は4〜15時間であり，72時間後まで血中に検出される。シクロフォスファミドおよび活性代謝物の形で尿中に排泄される[4]。

［副作用］

　骨髄抑制による白血球，赤血球，血小板減少症や胃腸結腸炎（拒食症，悪心，嘔吐，下痢）が認められる。プードル，オールド・イングリッシュ・シープドッグでは，脱毛が顕著となる場合がある[4]。膀胱に活性代謝物が長期間接触することで無菌性出血性膀胱炎が誘発される。フロセミドをシクロフォスファミドと同時に投与することで尿排泄を促すと，フロセミドを投与しない場合にくらべ，無菌性出血性膀胱炎が抑制されることが報告されている[6]。

［臨床効果］

　Brickらは，悪性リンパ腫に対してシクロフォスファミド0.3mg/kg/dayを14日間反復投与＋14日間休薬のプロトコールで投与した場合，イヌで4頭中3頭，ネコ1頭において一過性ではあるが，リンパ節の縮小が認められたと報告している。診断時からの生存期間は平均4.5カ月（範囲：1〜14カ月）であった[7]。

ロムスチン（CCNU）
［作用機序］

　正確な作用メカニズムは不明である。シクロフォスファミドと同様のアルキル化作用のほかに蛋白変異作用を有する薬物であり，DNAやRNAの合成阻害作用で抗がん効果を発揮する。細胞周期非依存性である。ロムスチンは，イヌ，ネコの脳脊髄の腫瘍やリンパ腫，肥満細胞腫に対する補助療法薬として有効である[4]。

［薬物動態］

　経口で腸管から迅速に吸収される。また皮膚からも吸収される。肝臓の薬物代謝酵素により活性型の代謝物および非活性型の代謝物が生じ，全身に分布する。なお活性代謝物は，実質的に脳脊髄液に分布する。ヒトでの半減期は15分と短いが，活性代謝物は血中濃度が長時間維持されるため効果も長時間持続する[4]。

［副作用］

　最も重篤な副作用は，骨髄抑制（貧血，血小板減少症，白血球減少症）と用量依存性で非可逆性の肝毒性である。拒食症，悪心，嘔吐，下痢などの胃腸障害も認められる。

［臨床効果］

　シクロフォスファミドとドキソルビシン，ビンクリスチン，プレドニゾン（CHOP）による薬物治療が無効あるいはCHOP後に再燃したリンパ腫のイヌの症例において，ロムスチン（体重15kg以上の場合70mg/m^2 PO q3wk，体重15kg未満の場合60mg/m^2 PO q3wk）とL－アスパラギナーゼ（400U/kg SC or IM 最初2回のロムスチン投与時のみ），プレドニゾン（2mg/kg PO SIDから1mg/kg PO EODに減少）を併用することで31頭中16頭（52％）で完全寛解，11頭（35％）で部分寛解が得られた。腫瘍増殖停止時間の中央値は，完全寛解症例および部分寛解症例でそれぞれ111日および42日であった[8]。

糖質コルチコイド：
プレドニゾン，プレドニゾロン

[作用機序]

　明確には分かっていない。薬理学の教科書には，「グルココルチコイドが受容体に結合し，がん遺伝子産物(c-Jun or c-Fos)と複合体を形成することでがん遺伝子の転写活性を抑制する」，「リンパ球溶解作用と有糸分裂抑制作用を有する」，「リンパ球の細胞内受容体に結合しアポトーシスを誘導する」といった説明がされている。

　リンパ腫，リンパ性白血病，胸腺腫，その他の血液系がんに有効である。また肥満細胞腫では，浮腫と炎症の抑制による腫瘍の退縮作用や好酸球と好中球の浸潤抑制がある。頭蓋内／脊髄腫瘍に対しては徴候の顕著な改善作用がある。全身衰弱，非感染性発熱，食欲不振に対しても効果がある。

[薬物動態]

　chapter 3「ステロイド剤の作用と副作用」を参照。

[副作用]

　多飲多尿(多食)や筋肉の委縮(一過性)，消化管潰瘍／穿孔，傷の治癒延長，感染症，壊死性膵炎，HPA系の抑制が認められることがある(chapter 3「ステロイド剤の作用と副作用」を参照)。

[臨床効果]

　悪性リンパ腫のイヌ6頭，ネコ2頭にプレドニゾロン0.5mg/kg/dayを14日間投与＋7日間休薬を繰り返した結果，体表面のリンパ節の一過性の縮小が認められ，生存期間は2.5カ月(範囲：1〜7.5カ月)であった[7]。

シクロフォスファミド，ビンクリスチン，プレドニゾン(COP)による多剤併用療法

　薬効メカニズムの異なる薬物を併用することで副作用を軽減したり，相乗，相加的効果を得たりすることができる。シクロフォスファミドとビンクリスチン，プレドニゾンは多剤併用療法で用いられる。表2に示すように，イヌのリンパ腫の症例においてCOPの有用性が報告されている。表3にCOPの投与スケジュールの一例を示す。

非ステロイド性抗炎症薬：
ピロキシカム

[作用機序]

　ピロキシカムは，COX-2選択性のある非ステロイド性抗炎症薬である(chapter 4「非ステロイド性抗炎症薬の作用と副作用」を参照)。作用機序は不明であるが，移行上皮がんや扁平上皮がんの退行作用を有する。

[薬物動態]

　chapter 4「非ステロイド性抗炎症薬の作用と副作用」を参照。

[副作用]

　腎毒性や消化管障害が認められることがある。他の非ステロイド性抗炎症薬や糖質コルチコイドと併用すると，腎毒性や消化管潰瘍が悪化する可能性がある[13]。また，シスプラチンと併用すると，腎毒性が顕著となることが報告されている(シスプラチンの項参照)[14]。

[臨床効果]

　イヌの移行上皮がん症例において，ピロキシカム(0.3mg/kg PO SID)により34例中2例で完全寛解が得られ，2.1年および3.3年生存した。部分寛解は4例であり，投与開始56日後に安定病態と確認されたのは18例であった[15, 16]。

抗生物質：
ドキソルビシン

[薬理作用]

　ドキソルビシンは，DNAの超らせん構造形成酵素であるトポイソメラーゼⅡなどの反応を

表2 イヌのリンパ腫に対するシクロフォスファミド，ビンクリスチン，プレドニゾン（COP）の効果

総　数	完全寛解数 （完全寛解率）	寛解期間			備　考	文　献
		平均値	中央値	範　囲		
19	15（79%）	184日	—	30〜282日		Squire et al.[9]
67	35（53%）	—	45日	—	平均生存期間は123日	Hahn et al.[10]
77	58（75%）		6カ月	2〜23カ月		Cotter et al.[11]
20	14（70%）	128.9日	99.5日		平均生存期間は207.5日	Carter et al.[12]

表3 シクロフォスファミド，ビンクリスチン，プレドニゾン（COP）の投与スケジュールの一例[11]
シクロフォスファミドは，300mg/m² PO（顆粒球が減少したときは，用量を減少させる），ビンクリスチンは0.75mg/m² IVで投与する。プレドニゾンは1mg/kg PO SIDを22日間，その後1mg/kg PO 2日に1回（EOD）に変更して投与する。完全寛解が継続する場合，14週以降1年までは3週ごと，1年経過した後は4週ごとに同様の薬物治療を繰り返す

														週
	1	2	3	4	5	6	7	8	9	10	11	12	13	52
シクロフォスファミド	○			○			○			○			○	
ビンクリスチン	○	○	○	○			○			○			○	
プレドニゾン	←　SID　→			←　　　　　　　　　　　　EOD　　　　　　　　　　　　→										

阻害することでDNAやRNAの合成を抑制する。この細胞毒性のため抗がん剤として使用され，細胞周期非特異性に効果を発揮する[4]。また，フリーラジカルを形成し，さらなる細胞毒性を発揮する。

イヌ，ネコのリンパ腫や白血病，肉腫に対して有効性を示す。シクロフォスファミドなどと併用することで，肉腫に対して相乗効果が得られたとの報告がある[1]。

［薬物動態］

消化管から吸収されない。刺激が強烈であるため皮下や筋肉内投与できない。したがって静脈内投与する必要がある。静脈内投与後全身に分布するが，脳脊髄液には分布しない。胎盤は通過し，乳汁移行すると考えられている。ドキソルビシンは肝臓で代謝され，活性型および非活性型の代謝物となる。胆汁や糞中に排泄され，全体の5％のみが5日以内に尿から排泄される。血中濃度低下は3相であり，第Ⅰ相の半減期は約0.6時間，第Ⅱ相は3.3時間である。分布した組織からゆっくり放出されるため，第Ⅲ相の半減期はドキソルビシンで17時間，代謝物で32時間である[4]。

［副作用］

骨髄抑制や消化管障害，脱毛などがある。また，ドキソルビシン特有の副作用として，心毒性があり，静脈内投与中あるいは投与後数時間以内の急性期に心電図異常が生じる場合がある。また蓄積性の心毒性として，うっ血性心不全を伴う心筋症を惹起することもある。Mauldinらによれば，ドキソルビシン（30mg/m² IV ≧q3wk 5〜7回投与）を投与した悪性腫瘍のイヌ175例のうち31例（17.7%）で，心室性期外収縮や上室性期外収縮などで心電図に異常が認められ，7例（4%）は，ステージⅣのうっ血性心不全に陥った[17]。効果的な薬物であるため，投与継続可否は抗がん効果（Benefit）と心毒性（Risk）のバランスに基づいて決定すべきである。

［臨床効果］

多中心性リンパ腫のイヌに，ドキソルビシン（30mg/m² IV q3wk 最大5回）単独あるいはドキソルビシン＋アスパラギナーゼ（10,000U/m² IM q1wk 3回）の併用で121例中84例（69%）で

表4　イヌのリンパ肉腫に対するドキソルビシン単独投与の効果[19]

治療効果	症例数（全37例）	寛解期間（日）			生存期間（日）		
		平均値	中央値	範囲	平均値	中央値	範囲
完全寛解	22	201	151	44～734	309	266	44～734
部分寛解	8	130	75	50～370	213	191	63～370
無効	7	—	—	—	—	—	—

完全寛解，22例（18％）で部分寛解が得られた[18]。また，リンパ肉腫のイヌにおいて，ドキソルビシン（30mg/m^2 q3wk IV持続投与 最大8回）を単独で用いたときの完全寛解は，37例中22例，部分寛解は8例であった（表4）[19]。

イヌのリンパ腫に対する治療で，COP投与とドキソルビシン単独投与を比較した報告がある。COP投与での完全寛解は20例中14例（70％）で寛解期間および生存期間（平均）はそれぞれ128.9日および207.5日であった。一方ドキソルビシン単独投与では，完全寛解は21例中16例（76％），寛解期間および生存期間（平均）は，189.6日および265.4日であった（図8）。すなわち，これらの薬物治療間に差は認められなかった[12]。

白金配位複合体：
シスプラチン
［薬理作用］

アルキル化薬に類似した薬効を有する。すなわち，DNAに結合して架橋を形成することでDNA合成を抑制する。扁平上皮がんや移行上皮がん，卵巣がん，骨肉腫，鼻腔がん，甲状腺がんに対して有効性がある。ただし，後述するようにネコでは致死性の副作用を惹起するため使用すべきではない。

［薬物動態］

シスプラチンは肝臓，小腸，腎臓に集中し，白金は投与後6カ月経過しても検出できることがある。消失は2相性を示し，第Ⅰ相の半減期は20～50分で，第Ⅱ相の半減期は60～80時間と長い[4]。

［副作用］

※ネコは呼吸困難，胸水症，肺浮腫，縦隔浮腫など致死性の肺毒性を惹起するため使用すべきではない。

イヌで最も多く認められるものは嘔吐であり，通常投与6時間以内に起こり，1～6時間持続する[4]。また，血小板減少，顆粒球減少，難聴，震せん，末梢神経障害，食欲不振，下痢（血様）も出現することがある。重篤な副作用として腎不全があるため，尿中尿素窒素やクレアチンをモニターしておく必要がある。生理食塩水を負荷して利尿を促すと腎毒性を予防できることがある。

イヌの移行上皮がん症例において，通常の投与量（60mg/m^2）より少ないシスプラチン（40または50mg/m^2 IV q3wk）とピロキシカム（0.3mg/kg PO BID）と併用した場合，効果は限られており14例中12例で腎毒性が現れた。これら2薬の併用は好ましくない[14]。

［臨床効果］

四肢の骨肉腫で断脚手術あるいは患肢温存手術を施したイヌの症例において，シスプラチン（60mg/m^2 IV持続投与 q3wk）は，手術のみの症例にくらべ生存率を有意に改善した（図9）。この治療ではシスプラチンを2時間かけて持続投与しているが，腎不全を予防する目的で，持続投与開始10時間前から投与終了8時間後まで生理食塩水を5.0mL/kg/hで持続投与し，さらにマンニトール（50～100mg）をシスプラチン投与直前に10分かけて静脈内投与している[20]。

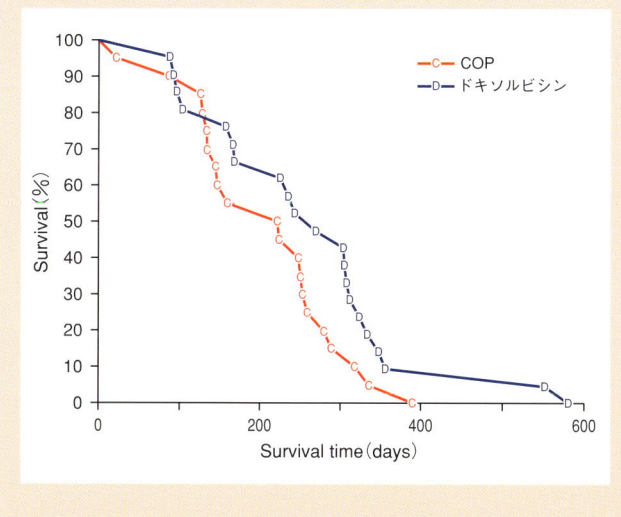

図8 リンパ腫のイヌにおいてシクロフォスファミドとビンクリスチン，プレドニゾン（COP）で治療した場合とドキソルビシン単独投与で治療した場合の生存曲線[12]
COPとドキソルビシン単独では，生存曲線に差は認められなかった

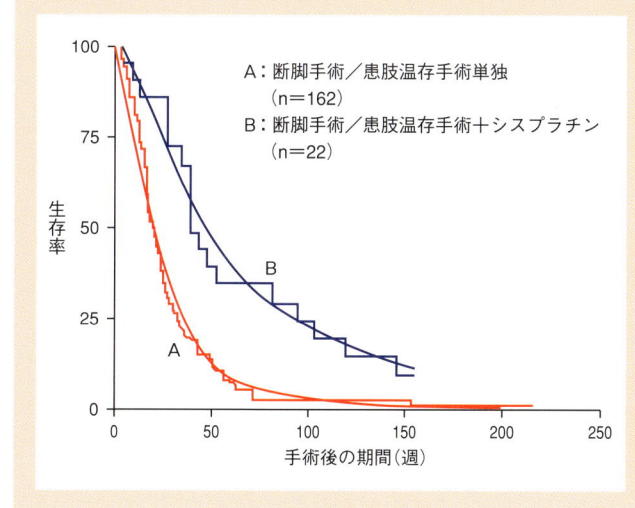

図9 骨肉腫のため断脚あるいは患肢温存手術を施したイヌの症例におけるシスプラチンの生存率に及ぼす効果[20]
シスプラチン（60mg/m² q3wk）を投与することで，生存率が有意に改善した

カルボプラチン

[薬理作用]

　作用メカニズムは完全には分かっていないが，シスプラチン同様アルキル化薬に類似した薬効を有する。卵巣がん，扁平上皮がん，鼻腔がん，甲状腺がんなどに対して有効である。また，骨肉腫症例の断脚後にも用いられている。カルボプラチンはシスプラチンにくらべ副作用，特に腎毒性と嘔吐が軽い[4]。

[薬物動態]

　静脈内投与後に速やかに全身に分布し，肝臓や腎臓，皮膚，がん組織に分布する。イヌでは24時間以内に半量が尿中に排泄される[4]。

[副作用]

　食欲不振や嘔吐，骨髄抑制が認められる。肝不全（血清ビリルビン値および肝酵素上昇）や腎不全，神経障害，聴覚毒性の可能性があるが，シスプラチンにくらべると出現率は少ない[4]。

[臨床効果]

　155例のイヌの四肢骨肉腫症例における後ろ向き調査で，断脚後にカルボプラチン（平均：

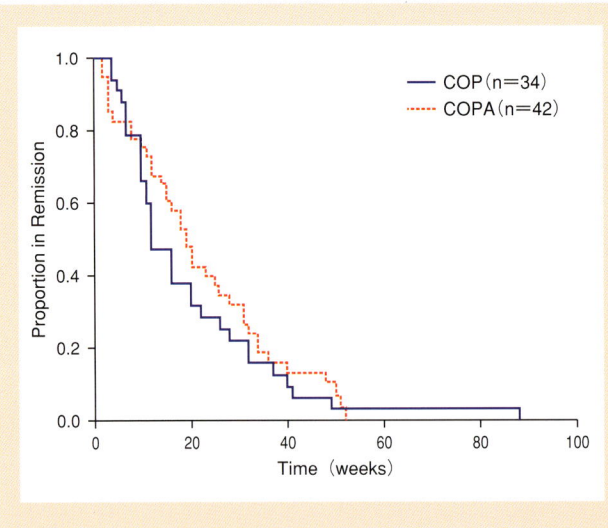

図10 シクロフォスファミドとビンクリスチン，プレドニゾンによる多剤併用療法（COP）にL－アスパラギナーゼを併用したとき（COPA）の効果[23]
COPとL－アスパラギナーゼを併用してもCOPのみにくらべて生存率は改善されなかった

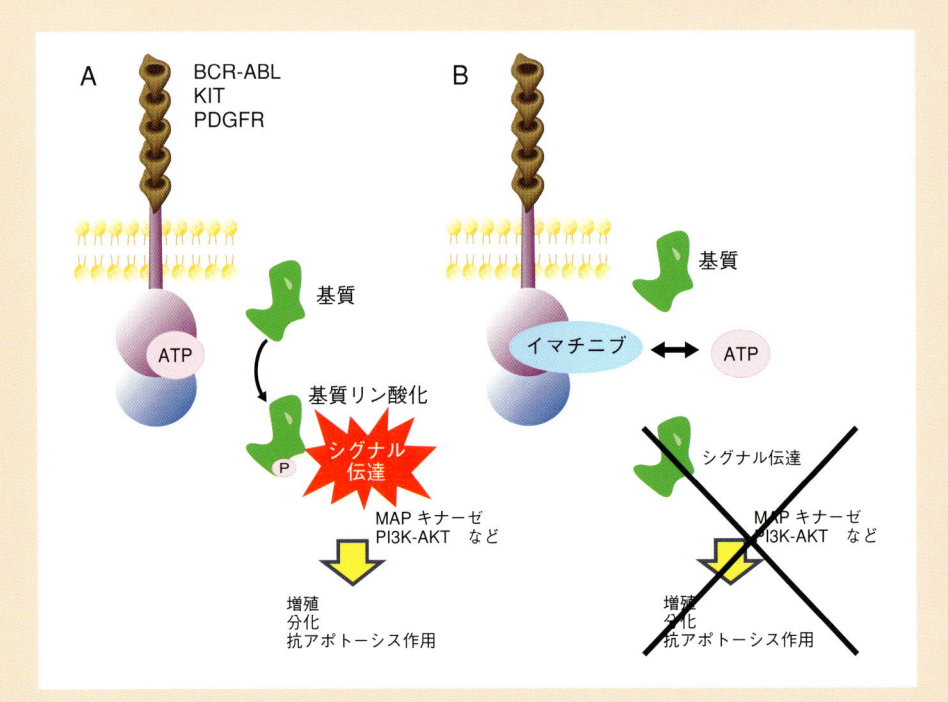

図11 イマチニブの抗がん作用のメカニズム
チロシンキナーゼはATPと結合し，基質となるMAPキナーゼやPI3K-AKTなどの細胞内シグナル伝達系蛋白質をリン酸化することで，がん細胞の増殖や分化，抗アポトーシス作用を惹起する（A）。イマチニブはATP結合部位にATPと競合的に結合し，その活性を阻害する（B）

$292mg/m^2$，中央値：$300mg/m^2$，範囲：130～$351mg/m^2$，25日以下あるいはそれ以上の間隔）を投与した場合の無病期間の中央値は256日であった。また生存率は，1年で36.8％，2年で18.7％，3年では11％であった[21]。

L－アスパラギナーゼ
[薬理作用]

腫瘍細胞は十分なアスパラギンをつくることができない。生存するためには細胞外からのアスパラギン補給が必要である。L－アスパラギ

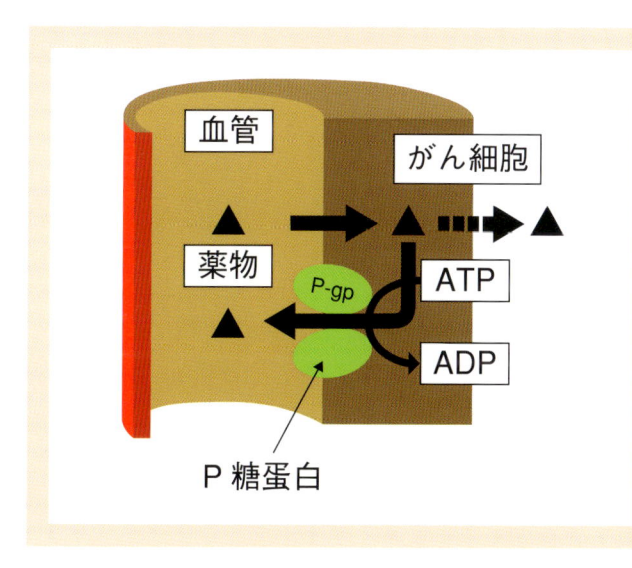

図12 P糖蛋白の機能
P糖蛋白は，取り込まれた異物を細胞外に排出する生体防御機構のひとつである。がん細胞では，このP糖蛋白発現が誘導され，細胞内に取り込まれた抗がん剤を細胞外に排出してしまう。この作用が抗がん剤の耐性の原因のひとつと考えられている

ナーゼは，血中のアスパラギンをアスパラギン酸とアンモニアに分解することで腫瘍細胞の生存を制限する。リンパ腫やリンパ性白血病に有効である[2]。

[薬物動態]

L－アスパラギナーゼは消化管から吸収されないため静脈内あるいは筋肉内・皮下投与で用いる。分子量が大きいため，80％が血管内に留まる。ヒトでは静脈内投与後に血中アスパラギン量はゼロとなり，休薬後も23日間は回復しない[4]。

[副作用]

悪心，嘔吐，発熱，腹痛，高血糖による昏睡，急性膵炎を引き起こす可能性がある。外因性蛋白のため静脈内投与により過敏反応が生じることがあるが，その発生頻度は筋肉内投与にすることで最小限に抑えることができる。また，抗ヒスタミン剤やステロイドの前投与も過敏反応のリスク減少に効果的である。

イヌの再発リンパ腫におけるロムスチン（アルキル化薬）とプレドニゾン，L-アスパラギナーゼを用いた治療では，L-アスパラギナーゼ反復投与によると思われる過敏反応が生じている[22]。

[臨床効果]

多中心性リンパ腫のイヌにおいて，シクロフォスファミドとビンクリスチン，プレドニゾンによる多剤併用療法（COP）にL－アスパラギナーゼを併用した効果を検証した報告がある。ところが，治療早期にL－アスパラギナーゼ（10,000U/m^2 SC q1wk）を1度あるいは2度用いても，COPのみの治療と生存率に変化はなかった。すなわち，L－アスパラギナーゼ併用の有用性が認められなかった（図10）[23]。

●分子標的薬：イマチニブ

[薬理作用]

イマチニブ（グリベック®）はこれまで上述した薬物とは異なる分子標的治療薬である。イマチニブは，チロシンキナーゼのATP結合部位にATPと競合的に結合してその活性を抑制する。これによりがん細胞の増殖，分化，抗アポトーシス作用を抑制する（図11）。ヒト慢性骨髄性白血病に対する薬物として，日本国内では2001年に承認された比較的新しい薬物である[24]。

[臨床効果]

イヌの肥満細胞腫に対してイマチニブ（10

表5 P糖蛋白により細胞外へ排出され，薬剤耐性を示す薬物[26]

ビンクリスチン
ビンブラスチン
ドキソルビシン
ダウノルビシン
ミトキサントロン
アクチノマイシン-D
エトポシド
マイトマイシン-C
タキソール
ステロイド類

mg/kg PO SID 1〜9週間）を投与したところ，21症例中10症例で投与開始後14日以内に完全寛解または部分寛解が得られた。残りの11症例は投与開始7日あるいは14日で安定病態，もしくは進行性病態であった[25]。

●薬剤耐性

多くの抗がん剤はリンパ腫を完全寛解に導くが，その後の再発に対しては治療できる可能性は低下する。この原因として，多くの薬剤耐性因子が関与していることが明らかになっている。細胞膜上にあるP糖蛋白は，細胞内に入り込んだ化学物質を細胞外に排出する（図12）。特に細胞毒性を有する化合物がターゲットとなり得るため，表5に示すような抗がん剤も細胞内から細胞外に排出されてしまう[26]。このP糖蛋白の発現誘導が，がん細胞の薬剤耐性のメカニズムのひとつと考えられている。

●おわりに

本章で解説した抗がん剤以外にも，同じメカニズムで副作用を軽減させた薬物や，メカニズムの異なる薬物が多く開発されている。多剤併用療法についても，本章で紹介したCOP以外の有効な方法が提案されている。また薬剤耐性のひとつの原因と考えられているP糖蛋白を阻害する薬物も開発されつつある（ゾスキダル zosquidar）。これらに加えてイマチニブのような分子標的治療薬の開発が進めば，獣医領域におけるがん治療法の新たな発展が期待できる。

■参考文献

1) Barton, C.L., Chemotherapy, in Small Animal Clinical Pharmacology and Therapeutics, D.M. Boothe, Editor. 2001, W.B. Saunders Company: Philadelphia. p. 330-348.
2) 悪性新生物, in イラスト薬理学, 柳澤輝行, 丸山敬監訳, 2006, 丸善株式会社.
3) ステッドマン医学大辞典編集委員会, ステッドマン医学大辞典, 高久史麿, Editor. 2008, 株式会社メジカルビュー社.
4) Plumb, D.C., Plumb's Veterinary Drug Handbook. 6th ed. 2008, Ames, Iowa: Blackwell Publishing.
5) Karayannopoulou, M., et al., Adjuvant post-operative chemotherapy in bitches with mammary cancer. J Vet Med A Physiol Pathol Clin Med, 2001. 48: 85-96.
6) Charney, S.C., et al., Risk factors for sterile hemorrhagic cystitis in dogs with lymphoma receiving cyclophosphamide with or without concurrent administration of furosemide: 216 cases (1990-1996). J Am Vet Med Assoc, 2003. 222: 1388-93.
7) Brick, J.O., et al., Chemotherapy of malignant lymphoma in dogs and cats. J Am Vet Med Assoc, 1968. 153: 47-52.
8) Saba, C.F., et al., Combination chemotherapy with L-asparaginase, lomustine, and prednisone for relapsed or refractory canine lymphoma. J Vet Intern Med, 2007. 21: 127-32.
9) Squire, R.A., et al., Clinical and pathologic study of canine lymphoma: clinical staging, cell classification, and therapy. J Natl Cancer Inst, 1973. 51: 565-74.
10) Hahn, K.A., et al., Is maintenance chemotherapy appropriate for the management of canine malignant

lymphoma? J Vet Intern Med, 1992. 6: 3-10.

11) Cotter, S.M., Treatment of lymphoma and leukemia with cyclophosphamide, vincristine, and prednisone: I. Treatment of dog. J Am Anim Hosp Assoc, 1983. 19: 159-165.

12) Carter, R.F., et al., Chemotherapy of canine lymphoma with histopathological correlation: Doxorubicin alone compared to COP as first treatment regimen. J Am Anim Hosp Assoc, 1986. 23: 587-596.

13) Oglive, G.K. and A.S. Moore, 化学療法：特徴，使用法，動物の管理, in 犬の腫瘍, G.K. Oglive and A.S. Moore 著, 桃井康行監訳, 2008, Interzoo. p. 116-135.

14) Greene, S.N., et al., Evaluation of cisplatin administered with piroxicam in dogs with transitional cell carcinoma of the urinary bladder. J Am Vet Med Assoc, 2007. 231: 1056-60.

15) Mutsaers, A.J., et al., Canine transitional cell carcinoma. J Vet Intern Med, 2003. 17: 136-44.

16) Knapp, D.W., et al., Piroxicam therapy in 34 dogs with transitional cell carcinoma of the urinary bladder. J Vet Intern Med, 1994. 8: 273-8.

17) Mauldin, G.E., et al., Doxorubicin-induced cardiotoxicosis. Clinical features in 32 dogs. J Vet Intern Med, 1992. 6: 82-8.

18) Valerius, K.D., et al., Doxorubicin alone or in combination with asparaginase, followed by cyclophosphamide, vincristine, and prednisone for treatment of multicentric lymphoma in dogs: 121 cases (1987-1995). J Am Vet Med Assoc, 1997. 210: 512-6.

19) Postorino, N.C., et al., Single agent therapy with adriamycin for canine lymphosarcoma. J Am Anim Hosp Assoc, 1989. 25: 221-225.

20) Berg, J., et al., Treatment of dogs with osteosarcoma by administration of cisplatin after amputation or limb-sparing surgery: 22 cases (1987-1990). J Am Vet Med Assoc, 1992. 200: 2005-8.

21) Phillips, B., et al., Use of single-agent carboplatin as adjuvant or neoadjuvant therapy in conjunction with amputation for appendicular osteosarcoma in dogs. J Am Anim Hosp Assoc, 2009. 45: 33-8.

22) Saba, C.F., et al., Combination chemotherapy with continuous L-asparaginase, lomustine, and prednisone for relapsed canine lymphoma. J Vet Intern Med, 2009. 23: 1058-63.

23) Jeffreys, A.B., et al., Influence of asparaginase on a combination chemotherapy protocol for canine multicentric lymphoma. J Am Anim Hosp Assoc, 2005. 41: 221-6.

24) 西田俊朗，チロシンキナーゼ阻害剤：メシル酸イマチニブ. 医学の歩み, 2008. 224: 55-59.

25) Isotani, M., et al., Effect of tyrosine kinase inhibition by imatinib mesylate on mast cell tumors in dogs. J Vet Intern Med, 2008. 22: 985-8.

26) Bergman, P.J., Mechanisms of anticancer drug resistance. Vet Clin North Am Small Anim Pract, 2003. 33: 651-67.

Tea break　くすりのよもやま話 ⑦

日本で再認可されたサリドマイド
　1950年代にきわめて安全な睡眠剤として各国で市販されたサリドマイドを，妊娠のある時期に服用した妊婦より，四肢の奇形（一般的にアザラシ肢症）を持つ新生児が生まれた。日本でも多くの被害者を出し社会問題となった。しかし近年，悪性腫瘍に対しての有効性が認められ，サリドマイドは再び脚光を浴びるようになった。日本では認可されていなかったため個人輸入されるケースが多く，その数は2003年には50万錠以上に上った。この背景にはサリドマイドの悪性腫瘍に対する有用性がある。厚生労働省は2008年に血液がんの一種，多発性骨髄腫の治療薬として承認し，藤本製薬（http://www.fujimoto-pharm.co.jp/）より日本国内向けに発売が開始された。薬禍を二度と繰り返さないために，薬剤の管理やサリドマイドについての情報提供，教育などを徹底するシステム（TERMS：Thalidomide Education and Risk Management System）が運用されている。

獣医臨床薬理学 掲載薬用量一覧

※以下の薬用量は，本書中に掲載された過去の様々な研究，臨床データに基づくものです。薬剤を実際に使用する際には，製品に添付された使用方法および注意事項を事前によくご確認の上，投与してください。

抗菌薬

薬物	用量	備考	参照ページ
βラクタム系			
ペニシリンG	20,000～40,000U/kg q4-6h IV 外科手術時の感染予防では開始1時間前に40,000U/kg IV，90分後再投与	イヌの全身，外科手術時の感染症予防	25
アンピシリン	10～20mg/kg PO BID／ 5mg/kg IM,SC BID／5mg/kg IV TID	グラム陽性菌の感染（イヌ，ネコ）	25
	20～30mg/kg PO TID／ 10mg/kg IM,SC TID／10mg/kg IV QID	グラム陰性菌の感染（イヌ，ネコ）	
アモキシシリン	10mg/kg PO,IM,SC BID	グラム陽性菌の感染（イヌ，ネコ）	25
	20mg/kg PO TID／20mg/kg IM,SC BID	グラム陰性菌の感染（イヌ，ネコ）	
セファレキシン	22mg/kg PO BID	グラム陽性菌の感染（イヌ，ネコ）	25
	30mg/kg PO TID	グラム陰性菌の感染（イヌ，ネコ）	
セフォタキシム	20～50mg/kg IV,IM,SC TID	イヌ，ネコ	25
アズトレオナム	30mg/kg IM,IV TID or QID	獣医療における用量は確立していない	26
メロペネム	12mg/kg SC TID／24mg/kg IV SID	全身感染症（イヌ，ネコ）	26
	12mg/kg SC BID	尿路感染症（イヌ，ネコ）	
イミペネム・シラスタチン合剤	5～10mg/kg IV,SC,IM TID	イヌ，ネコ	26
アミノグリコシド系			
ゲンタマイシン	4.4～6.6mg/kg IV,IM,SC SID	イヌ	27
	8mg/kg IV,IM,SC SID／ 2～4mg/kg IV,IM,SC TID	ネコ	
トブラマイシン	2mg/kg IV,IM,SC TID	イヌ，ネコ	27
アミカシン	15～30mg/kg IV,IM,SC SID	イヌ	27
	10～15mg/kg IV,IM,SC SID	ネコ	
テトラサイクリン系			
オキシテトラサイクリン	20mg/kg PO BID or TID	イヌ，ネコ	28
ドキシサイクリン	3～5mg/kg PO BID 7～14日間	イヌ	28
	4.4～11mg/kg PO,IV BID 7～14日間	軟部組織，泌尿器系（イヌ）	
	5mg/kg PO,IV BID	ネコ	
クロラムフェニコール系			
クロラムフェニコール	45～60mg/kg PO TID／ 45～60mg/kg IM,SC,IV TID or QID	イヌ	29
	50mg/cat IV,IM,SC,PO BID	ネコ	
マクロライド系			
エリスロマイシン	10～20mg/kg PO TID	イヌ，ネコ	29

リンコマイシン系				
	リンコマイシン	15.4mg/kg PO TID／22mg/kg PO BID	皮膚，軟部組織感染症（イヌ）	30
		22mg/kg IM,SC,IV SID／11mg/kg IM,SC BID	全身感染症（イヌ）	
		11mg/kg IM BID／22mg/kg IM SID	皮膚，軟部組織感染症（ネコ）	
		15mg/kg PO TID／22mg/kg PO BID	全身感染症（ネコ）上記のいずれも12日以内の投与とする	
	クリンダマイシン	5〜11mg/kg IM,SC,PO BID	イヌ　肝不全の場合，他の薬物に変更するか，用量を減らす	30
		5〜10mg/kg PO BID	ネコ	
キノロン系				
	エンロフロキサシン	5〜20mg/kg PO SID	イヌ	30
		5mg/kg PO SID 1回/日投与か，2回に分けてq12h投与	ネコ	
スルホンアミド（サルファ剤）				
	スルファジアジン／トリメトプリム合剤	30mg/kg PO SID	イヌ，ネコ	31
	スルファジメトキシン	25mg/kg PO,IV,IM SID	イヌ，ネコ	31
バンコマイシン				
	バンコマイシン	15mg/kg IV（30〜60分かけて）TID	イヌ，ネコ	33

ステロイド剤

薬物	用量（使用用量は，病気の程度に依存する）	備考	参照ページ
ヒドロコルチゾン	2.5〜5mg/kg PO BID	抗炎症	36
プレドニゾロン	0.2〜0.4mg/kg BID／0.5mg/kg SID	皮膚疾患	39
メチルプレドニゾロン	0.4〜1.0mg/kg SIDで開始し，後にEOD	皮膚疾患	39
コハク酸メチルプレドニゾロンナトリウム	30mg/kg IVし，2および6時間後に15mg/kg，それ以降48時間まで1時間当たり2.5mg/kg投与する	急性の脳脊髄損傷	39
トリアムシノロン	0.5〜1mg/kg PO SID or BID 以降は0.5〜1mg/kg PO EODまで漸減	抗炎症	36
デキサメサゾン	0.07〜0.15mg/kg PO,IM,IV BID or SID	抗炎症	36,39
	5mg/kg IV	出血性ショック時の高用量	
ベタメタゾン	0.1〜0.2mg/kg PO BID or SID	抗炎症	36
	0.2〜0.5mg/kg PO BID or SID	免疫抑制	

NSAIDs

薬物	用量	備考	参照ページ
アスピリン	10〜25mg/kg PO BID	イヌ	51,52
	10mg/kg PO EOD	ネコ	

薬物	用量	備考	参照ページ
エトドラク	10〜15mg/kg PO SID	イヌ 体重5kg未満では適切な用量決定が困難である	51,52
カルプロフェン	2.0〜2.2mg/kg PO BID	イヌ	51,53
	2.0〜2.2mg/kg PO BID（2日を限度）	ネコ	
ケトプロフェン	2mg/kg PO SID→1mg/kg PO SID（2日目〜）	イヌ	51,53
	1mg/kg PO SID，5日を上限	運動器疾患の炎症・疼痛緩和（イヌ）	
	0.25mg/kg PO SID，5日を上限	変形性関節症に伴う慢性疼痛緩和（イヌ）	
	2mg/kg PO SID→1mg/kg PO SID（2日目〜）	ネコ	
	1mg/kg PO SID，5日を上限	ネコ	
	2mg/kg SC SID，3日を上限	ネコ	
メロキシカム	0.2mg/kg PO SID→0.1mg/kg PO SID（食物内：2日目〜）	イヌ	51,54
	0.2mg/kg PO SID（1日目）→0.1mg/kg PO SID（食物内：2日目〜）→0.025mg/kg PO 2〜3回/週（3日目〜）	ネコ	
ピロキシカム	0.3mg/kg PO EOD	イヌ	51,54
デラコキシブ	1〜2mg/kg PO SID	イヌ	51
フィロコキシブ	5mg/kg PO SID	イヌ 体重3kg以上，10週齢以上が対象	51,54

循環器薬

薬物	用量	備考	参照ページ
血管拡張薬（ACE阻害薬）			
エナラプリル	0.25〜0.5mg/kg PO SID	イヌ	63,64
ベナゼプリル	0.25〜1mg/kg PO SID	イヌ	67
強心薬			
ピモベンダン	0.4〜0.6mg/kg PO BID	イヌ	66,67

抗てんかん薬

薬物	用量	備考	参照ページ
フェノバルビタール	2〜5mg/kg PO BID	イヌ	74,77
	1.5〜2.5mg/kg PO BID	ネコ	
臭化カリウム	35〜45mg/kg PO SID／17.5〜22.5mg/kg PO BID	イヌ，ネコ	76,77
	ローディング用量400〜600mg/kgを4回に分けて投与（副作用に注意）。投与間隔は24h以上とする	イヌ	
ゾニサミド	5〜10mg/kg PO BID	イヌ	75,77
	2.5〜5mg/kg PO BID	ネコ	

ガバペンチン	300～1,200mg PO TID 4週間／25～60mg/kg量を8h間隔で3回あるいは6h間隔で4回に分けて投与	イヌ	77
レベチラセタム	20mg/kg PO TID	イヌ	77
抗てんかん薬（てんかん重積時）			
ジアゼパム	0.5～1.0mg/kg IV ボーラス投与 ＊痙攣をコントロールするために数分以上の間隔で2～3回繰り返す	イヌ、ネコ	79
	0.5～1.0mg/kg PR（フェノバルビタールを投与している場合は2mg/kg）	イヌ	
フェノバルビタール	2～4mg/kg IV q20～30分 ＊必要であれば総量が20mg/kgとなるまで20～30分ごとにくり返し投与する ＊痙攣がコントロールできたら維持用量のフェノバルビタール（2～4mg/kg IV q6h 24～48時間）を投与する ＊嚥下が可能になり次第，経口の抗てんかん薬治療を再開すべきである	イヌ、ネコ	79
ペントバルビタール	上述の治療でも10～15分以上痙攣が続くときに用いる 3～15mg/kg IV ジアゼパムとフェノバルビタールは，ペントバルビタールの作用を増強することで呼吸抑制を惹起する可能性があるため，ゆっくり投与する 痙攣がコントロールできた際には，心循環機能を評価すべきである 人工呼吸あるいは酸素供給が必要な場合もある	イヌ、ネコ	79

※以下の抗がん剤の適応，薬用量および投与スケジュール等は，本書中に掲載された過去の様々な研究，臨床データに基づくものです。詳細は各参照ページをご確認ください。また，実際に抗がん剤治療を行う際には，投与を開始する前に成書にてプロトコールの確認を行い，各製品情報と個々の動物の状態を考慮した上で，各獣医師の判断に基づき適切な用法で実施してください。

抗がん剤

適応	薬用量	備考	参照ページ
COPの一例	シクロフォスファミド 300mg/m² PO ビンクリスチン 0.75mg/m² IV プレドニゾン 1mg/kg PO（投与スケジュール：P.91表3参照）	完全寛解が継続する場合，14週以降1年までは3週ごと，1年経過した後は4週ごとに同様の薬物治療を繰り返す	90,91
乳がん摘出術後（イヌ）	5-フルオロウラシル 150mg/m² IV持続投与 q1wk シクロフォスファミド 100mg/m² IV持続投与 q1wk	術後1週より4回併用	88
悪性リンパ腫（イヌ，ネコ）	シクロフォスファミド 0.3mg/kg/day	14日間反復投与＋14日間休薬	89

疾患	投与法	備考	文献
リンパ腫（イヌ）	ロムスチン 体重15kg以上の場合 70mg/m² PO q3wk，体重15kg未満の場合 60 mg/m² PO q3wk L-アスパラギナーゼ 400U/kg SC or IM（最初2回のロムスチン投与時のみ） プレドニゾン 2mg/kg PO SIDから1mg/kg PO EODに減少	＊CHOP治療が無効あるいは治療後に再燃した場合	89
悪性リンパ腫（イヌ，ネコ）	プレドニゾロン 0.5mg/kg/day	14日間投与＋7日間休薬	90
移行上皮がん（イヌ）	ピロキシカム 0.3mg/kg PO SID		90
多中心性リンパ腫（イヌ）	ドキソルビシン 30mg/m² IV q3wk	最大5回	91
多中心性リンパ腫（イヌ）	ドキソルビシン 30mg/m² IV q3wk L-アスパラギナーゼ 10,000U/m² IM q1wk		91
リンパ肉腫（イヌ）	ドキソルビシン 30mg/m² q3wk IV持続投与	最大8回	92
骨肉腫（イヌ）	シスプラチン 60mg/m² IV持続投与 q3wk（腎不全予防）持続投与開始10時間前から投与終了8時間後まで生理食塩水5.0mL/kg/hで持続投与し，マンニトール（50～100mg）をシスプラチン投与直前に10分かけてIV	断脚手術あるいは患肢温存手術と併用	92
骨肉腫（イヌ）	カルボプラチン 130～351mg/m²		93
分子標的薬			
肥満細胞腫（イヌ）	イマチニブ 10mg/kg PO SID		95

Tea break　くすりのよもやま話 ⑧

ボツリヌス毒素のしわとり効果

　ボツリヌス毒素は，クロストリジウム属の細菌であるボツリヌス菌がつくり出す毒素である。毒性が非常に強く，自然界に存在する毒素としては最強といわれている。神経筋接合部などでアセチルコリンの放出を抑制することで筋弛緩，麻痺を引き起こし，重症患者では死亡する場合がある。一方でボツリヌス毒素は薬物として利用されており，眼瞼痙攣や顔面痙攣を抑制する治療薬として承認されている。最近では顔面のしわとり効果や輪郭補正効果があるため，美容外科領域で広く使用されるようになった。薬品名である"ボトックス"をインターネットの検索エンジンで調べてみると，薬物の解説はもちろん，その効果が写真付きで紹介されている。なお，ボトックスの作用は永久ではないため，美容効果を保つためには処置を繰り返す必要がある。

獣医臨床薬理学 Index

【あ行】

アイソザイム ... 16
アイリッシュ・ウルフハウンド ... 70
悪性腫瘍 ... 82
悪性リンパ腫 ... 89
アクチノマイシン-D ... 96
アシドーシス ... 71
アズトレオナム ... 26
アスパラギン ... 94
アスパラギン酸 ... 95
アスピリン ... 46, 50, 51, 52
アセチルサリチル酸 ... 46, 52
アセチル化 ... 16
アデニン ... 86
アトバコン ... 17
アドメ ... 10
アナフィラキシー ... 24
アポトーシス ... 90
アミオダロン ... 41
アミカシン ... 27, 33
アミノグリコシド ... 23, 26, 33
アミノベンジルペニシリン系 ... 25
アモキシシリン ... 25
アラキドン酸 ... 46
アルカリ尿 ... 75
アルキル化 ... 88
アルキル化剤 ... 85
アルキル化作用 ... 89
アルキル化薬 ... 88, 92, 93, 95
アルドステロン ... 34, 61
アルブミン ... 14
アレクサンダー・フレミング ... 22
アレルギー性間質性肺炎 ... 78
アレルギー性皮膚炎 ... 39
アンジオテンシノーゲン ... 61
アンジオテンシンⅠ ... 61
アンジオテンシンⅡ ... 40
アンジオテンシン受容体拮抗薬 ... 58
アンジオテンシン変換酵素 ... 58, 61
アンジオテンシン変換酵素阻害薬 ... 17
アンピシリン ... 13, 25
アンモニア ... 95
イオン型薬物 ... 14
医原性副腎皮質機能亢進症 ... 40
移行上皮がん ... 90, 92

維持用量 ... 77
イブプロフェン ... 15, 50
イホスファミド ... 41
イマチニブ ... 41, 94, 95
イミダゾール ... 13
イミペネム ... 26
イングリッシュ・スプリンガー・スパニエル ... 70
インターロイキン1 ... 47
インドメタシン ... 50
インフルエンザ菌 ... 23
うっ血性心不全 ... 40, 91
ウルソデオキシコール酸 ... 17
エステル結合 ... 36
エステル体 ... 29
エチルコハク酸塩 ... 29
エトドラク ... 49, 50, 51, 52
エトポシド ... 96
エナラプリル ... 17, 63
エリスロマイシン ... 13, 29, 41
エルンスト・ボリス・チェーン ... 22
塩化アンモニウム ... 18
塩化ナトリウム ... 79
遠心性肥大 ... 61
延命効果 ... 85
エンロフロキサシン ... 30
オールド・イングリッシュ・シープドッグ ... 89
オキサシリン ... 25
オキシテトラサイクリン ... 28
オルメトプリム ... 31
温受容ニューロン ... 47

【か行】

外因性蛋白 ... 95
外因性発熱物質 ... 47
介在神経 ... 72
カオリン止瀉薬 ... 29
核酸 ... 86
拡張型心筋症 ... 66
下垂体前葉 ... 34
活性炭 ... 53
ガバペンチン ... 77
過敏反応 ... 95
カプセル剤 ... 19
カプトプリル ... 17
過分極 ... 77

項目	ページ
カリクレイン－キニン系	36, 40
カルシウム拮抗薬	41
カルシウムセンシタイザー	66
カルバペネム	23
カルバペネム系	26
カルバマゼピン	74
カルプロフェン	50, 51, 53
カルベジロール	66
カルボプラチン	93
カルモナム	26
癌	39
がん遺伝子産物	90
肝酵素	93
がん細胞	82
患肢温存手術	92
肝CYP	89
完全寛解	83
間代性発作	70
カンデサルタン	63
肝不全	75
キースホンド	70
キニジン	16
キニナーゼⅡ	63
キノロン	30, 31
キノロン系	22
キマーゼ	61
吸収	10
球状帯	34
求心性肥大	62
強心薬	61, 66
胸腺腫	90
強直性－間代性痙攣	70
強直性発作	70
筋肉内投与	11, 12
グアニン	86
クエン酸カリウム	18
くも膜下腔	87
クラブラン酸	25
クラミジア	23
グラム陰性菌	22
グラム陽性菌	22
クラリスロマイシン	29
クリアランス	18
グリコーゲン	35
グリシン抱合	16
グリセオフルビン	13, 16
グリセロール	35
クリンダマイシン	29, 30, 41
グルクロン酸抱合	16
グルコース	35
グルココルチコイド	90
グルタミン酸	76
グルタミン酸受容体	75
クレアチン	92
グレイ症候群	29
グレーハウンド	15
クレブシエラ	25
クローン	85
クロキサシリン	25
クロナゼパム	80
クロラムフェニコール	16, 23, 28
経口投与	11, 12
経直腸投与	12
経皮投与	12
痙攣	70
外科手術	82
血液系がん	90
血液－脳関門	25, 79
結核菌	23
血管拡張薬	60
血漿中蛋白結合率	14
血小板減少症	75
血清ビリルビン	93
ケトコナゾール	16
ケトプロフェン	50, 51, 53
ケトライド系	29
ゲフィチニブ	41
ゲンタマイシン	27, 33
抗アポトーシス作用	94, 95
抗がん効果	91
抗がん剤	82
後弓反張	70
抗菌スペクトラム	23
抗菌薬	22
高血糖	71
高コレステロール血症	40
抗酸化作用	66
鉱質コルチコイド	36
甲状腺がん	92, 93
抗生現象	22
合成抗菌薬	22
合成ステロイド	34, 36, 46
抗生物質	22, 85, 90
抗生物質投与後効果	27, 33
抗体	36
高体温	71
好中球	36
抗てんかん薬	70
抗ヒスタミン剤	95
興奮性アミノ酸	72, 75
興奮性神経	72
合理的薬物治療	10
ゴールデン・レトリーバー	70
コキシブ系	54

項目	ページ
固形がん	82
固形腫瘍	84
コッカー・スパニエル	66
骨肉腫	92, 93
コハク酸ナトリウムエステル	37
コハク酸ナトリウム塩	28
コハク酸メチルプレドニゾロンナトリウム	37, 39
コルチゾール	34
ゴルディーコールドマン仮説	85

【さ行】

項目	ページ
サイクリックAMP	64
剤形	38
最小発育阻止濃度	33
再発リンパ腫	95
細胞周期	85
細胞周期特異的薬物	85
細胞周期非依存性	89
細胞周期非特異性	91
細胞性免疫	36
細胞毒性	82
酢酸エステル	37
酢酸プレドニゾロン	40
酢酸メチルプレドニゾロン	37, 40
坐薬	12
サリシン	46
サリチル酸	46
サルーキ	16
サルファ剤	22, 31
サルモネラ	30
酸性尿	75
ジアゼパム	13, 17, 73, 79
シェットランド・シープドッグ	70
ジギタリス	41, 60
糸球体ろ過	17
シクロオキシゲナーゼ	46
ジクロキサシリン	25
シクロスポリン	39, 41
シクロフォスファミド	85, 88, 89, 90, 91, 94
ジゴキシン	13, 15, 18
視床下部	34
シスプラチン	85, 90, 92
ジヒドロ葉酸	86
ジヒドロ葉酸還元酵素	86
シプロフロキサシン	30
脂肪酸	35
シメチジン	13, 16
ジャーマン・シェパード・ドッグ	70
臭化カリウム	11, 77, 79
臭化ナトリウム	77, 79
臭化物	76
シュウ酸カルシウム尿石	18

項目	ページ
臭素イオン	77
腫瘍	82
腫瘍細胞	82, 94
循環器薬	58
消化器傷害	50
症候性てんかん	70
症候性てんかん重積	71
錠剤	19
上室性期外収縮	91
脂溶性・非解離型薬物	14
焦点性自律神経発作	71
焦点発作	70, 71
静脈内投与	11, 12
初回通過効果	11, 79
初期量	77
食物−薬物相互作用	11, 78
ショック	39
徐放性錠剤	19
シラスタチン	26
シルデナフィル	41
心筋症	91
心室性期外収縮	91
浸潤性	82
心毒性	91
心肺虚脱	71
心不全	58
腎不全	71, 92
水溶性・解離型薬物	14
水溶性プレドニゾロン	39
ステアリン酸	29
ステロイド剤	34, 96
ストルバイト尿石	18
ストレプトマイシン	27
スルファジアジン／トリメトプリム合剤	31
スルファジメトキシン	31
スルファフラゾール	13
スルホンアミド	22, 31
静菌性抗菌薬	24
生体利用率	11
セイヨウシロヤナギ	46
セイヨウナツユキソウ	46
生理食塩水	92
舌下投与	12
赤血球	36
セファクロル	13
セファレキシン	12, 13, 25
セファロスポリン	12
セファロスポリン系	25, 26
セファロチン	25
セフェム	23
セフォジジム	25
セフォタキシム	25

セフォチアム	25
セフメタゾール	25
セレコキシブ	50
全身衰弱	90
全身性エリテマトーデス	39
喘息重責	39
全般性発作	70
前臨床薬理試験	10
相加／相乗効果	22, 26
僧帽弁閉鎖不全症	61
束状帯	34
組織血流量	13
ゾスキダル	96
ゾニサミド	41, 75, 77

【た行】

第Ⅰ相代謝	16
代謝	10, 16
代謝拮抗剤	86
代謝酵素誘導作用	75
対症的治療	85
対数殺傷	82
大腸菌	25, 30
第Ⅱ相代謝	16
第8脳神経	27
タイロシン	29
ダウノルビシン	96
タキソール	96
タクロリムス	41
多剤耐性	39
多剤併用療法	90, 94
多中心性リンパ腫	95
ダックスフンド	70
脱分極	72, 75
多発性骨髄腫	39
タモキシフェン	41
断脚	92, 93
単球	36
蛋白変異作用	89
チオペンタール	15
致死性肝壊死	80
チトクローム P450	16, 40, 75
チミジル酸合成酵素	87, 88
チューブリン	86
腸肝循環	17, 53
腸球菌	33
腸内細菌	23
チロシンキナーゼ	95
痛覚受容器	47
ディクロフェナク	50
低血糖	71
低酸素症	71

デオキシウリジン一リン酸	87, 88
デオキシチミジン一リン酸	87, 88
デオキシヌクレオチド	87, 88
テオフィリン	13, 16
デキサメサゾン	36, 39, 41
テトラサイクリン	13, 17, 23, 28
テトラサイクリン系	27
テトラヒドロ葉酸	86
デヒドロペプチダーゼ	26
デラコキシブ	50, 51
テリスロマイシン	29
てんかん	70
てんかん重積	71, 79
頭蓋内／脊髄腫瘍	90
糖質コルチコイド	34
糖尿病	40
洞房結節	64
ドーベルマン・ピンシャー	66
ドキシサイクリン	27, 28
ドキソルビシン	85, 89, 90, 92, 96
特発性てんかん	70
トブラマイシン	27
トポイソメラーゼⅡ	90
トラフ値	73
トリアムシノロン	36
トリメトプリム	31
トルフェナミック酸	50
トロンボキサン	46
トロンボキサン A_2	15

【な行】

内因性発熱物質	47
内耳神経	27
ナプロキセン	51
肉腫	91
二次性てんかん	70
日内変動	12, 41
ニトロソウレア	85
ニメスリド	50, 51
ニューキノロン	23
ニューキノロン系	22
尿結石	18
尿中尿素窒素	92
尿 pH	18, 75
ネオマイシン	27
熱産生	47
熱放散	47
粘膜保護作用	50
脳脊髄損傷	39
脳脊髄の腫瘍	89
脳浮腫	39
ノーベル医学生理学賞	22

ノルエピネフリン 40

【は行】

バーニーズ・マウンテンドッグ 70
バイアグラ 41
排泄 10, 17
肺動脈狭窄症 61
バクテロイデス 23
播種性 84
パスツレラ 25
白金配位複合体 92
白血球減少症 75
白血球遊走抑制作用 66
白血病 91
発痛物質 47
パニペネム 26
パラメタゾン 36
バルビツール誘導体 16
バルプロ酸 74
ハワード・フローリー 22
バンコマイシン 23, 32
反応性てんかん重積 71
ビアペネム 26
ビーグル 15, 70
皮下投与 11, 12
非感染性発熱 90
鼻腔がん 92, 93
非細胞周期特異的薬物 85
微小管 86
ヒスタミン 35
非ステロイド性抗炎症薬 31, 46, 87, 90
ビズラ 70
微生物 22
ビタミンE 11
ヒドロコルチゾン 36
ヒト慢性骨髄性白血病 95
肥満細胞 35
肥満細胞腫 39, 89, 90, 95
ピモベンダン 61, 66
表皮壊死症 75
ピロキシカム 50, 51, 52, 54, 90, 92
ビンカアルカロイド 85, 86
ビンクリスチン 86, 89, 90, 94, 96
貧血 75
ビンブラスチン 86, 96
フィロコキシブ 50, 51, 54
プードル 89
フェニトイン 16, 74
フェニルブタゾン 16, 50
フェノバルビタール 16, 17, 18, 74, 76, 77, 79
フェンタニル 41
副腎皮質刺激ホルモン 34

副腎皮質刺激ホルモン放出ホルモン 34
フッ化キノリノン 16
ブドウ球菌 30, 33
ブトルファノール 53
ブプレノルフィン 53
部分寛解 89
ブラジキニン 47, 53, 63
フリーラジカル 39, 76, 91
プリミドン 74
フルオロウラシル 85, 88
プレドニゾロン 16, 36, 39, 90, 94, 95
プレドニゾン 89, 90
プロスタグランジン 35, 46
プロスタグランジン系 36, 40
プロスタサイクリン 47
フロセミド 89
プロドラッグ 17
プロトン共輸送型ペプチドトランスポーター 12
プロトンポンプ阻害薬 41
プロプラノロール 13
プロポフォール 15
分子型薬物 14
分子標的薬 95
分子量 13
分裂期 86
米国心臓協会 58
米国心臓病学会 58
ペースメーカー 64
ベタミプロン 26
ベタメタゾン 36
ペトキシフィリン 39
ベナゼプリラート 17
ベナゼプリル 67
ペニシリナーゼ 24
ペニシリン 22, 23, 25
ペニシリンG 25
ペニシリン系 26
ペニシリン耐性肺炎球菌 29
ペプチジルtRNA 29
ペプチドグリカン 22, 24
ベルジアン・シェパード・ドッグ・タービュレン 70
変形性関節症 52
ベンジルペニシリンベンザチン水和物 25
ベンゾジアゼピン系薬物 79
ペントバルビタール 79
扁平上皮がん 90, 92, 93
房室ブロック 66
放射線療法 82
紡錘体 86
膨張性 82
ポーリン 24
ホスホジエステラーゼⅢ 66

ホスホリパーゼA₂ ... 46
ポリミキシンB ... 32
ボルゾイ ... 16

【ま行】

マイコプラズマ ... 23
マイトマイシン-C ... 96
マクロライド ... 23
マクロライド系 ... 29
マクロライド耐性肺炎球菌 ... 29
マンニトール ... 92
ミオトニー ... 40
ミソプロストール ... 39
ミダゾラム ... 17
ミトキサントロン ... 96
ミルリノン ... 66
無菌性出血性膀胱炎 ... 89
メクロフェナミック酸 ... 50
メチシリン耐性ブドウ球菌 ... 25
メチルプレドニゾロン ... 36, 37, 39
メトトレキサート ... 17, 85, 86
メトプロロール ... 13, 66
メトロニダゾール ... 13
メロキシカム ... 50, 51, 52, 53, 54
メロペネム ... 26
メンテナンス用量 ... 77
モノバクタム ... 23
モノバクタム系 ... 26

【や行】

薬剤耐性 ... 96
薬剤耐性クローン ... 85
薬物相互作用 ... 40
薬物送達システム ... 38
薬物動態 ... 10
薬物濃度−時間曲線下面積 ... 12
有効血中濃度 ... 73
有糸分裂抑制作用 ... 90
葉酸 ... 31, 86
抑制性神経伝達物質 ... 31, 75

【ら行】

ラブラドール・レトリーバー ... 70
卵巣がん ... 92, 93
リアノジン受容体 ... 65
リケッチア ... 23
リシノプリル ... 17
利尿薬 ... 61
リバウンド ... 41
リファンピン ... 13, 16
リポキシゲナーゼ ... 46, 53
リボソーム ... 22

リポ多糖体 ... 32
硫酸キニジン ... 41
良性腫瘍 ... 82
緑膿菌 ... 23, 26, 27, 30
リンコマイシン ... 13, 29, 30
リン酸デキサメサゾン ... 39, 40
リン酸ナトリウムエステル ... 37
リン脂質 ... 46
臨床薬理学 ... 10
リンパ球 ... 36
リンパ球溶解作用 ... 90
リンパ腫 ... 39, 84, 89, 90, 91, 95
リンパ性白血病 ... 90, 95
冷受容ニューロン ... 47
レニン ... 61
レニン−アンジオテンシン系阻害薬 ... 61
レフルノミド ... 17
レベチラセタム ... 77
連鎖球菌 ... 30
ロイコトリエン ... 36, 46
ローディング用量 ... 77
ロキシスロマイシン ... 29
ログ殺傷 ... 82
ロペラミド ... 41
ロムスチン ... 89, 95

【わ行】

ワルファリン ... 15

【英数字】

30Sリボソームサブユニット ... 27
50Sサブユニット ... 22
5-FdUMP ... 87, 88
5-FU ... 87, 88
5-フルオロウラシル ... 86, 87, 88
ACC ... 58
ACE ... 58, 61
ACE阻害薬 ... 17, 63
ACTH ... 34
ADME ... 10
AHA ... 58
alanine aminotransferase ... 40
alkaline phosphatase ... 40
ALP ... 40
ALT ... 40
American College of Cardiology ... 58
American Heart Association ... 58
AMPA ... 75
Ang I ... 61
Ang II ... 61
Angiotensin converting enzyme ... 58
Angiotensin receptor blocker ... 58

ARB	58	*in vivo* 試験	10
aspartate aminotransferase	40	ISACHC 分類	60
AST	40	K^+	72
AT_1 受容体	61	L－アスパラギナーゼ	89, 94
AT_1 受容体拮抗薬	63	L1210 リンパ腫細胞	82
AUC	12	LT	46
A キナーゼ	64, 66	MAP キナーゼ	94
Br^-	77, 79	Mauldin	91
Brick	89	MIC	33
British Alsation	70	Minimum inhibitory concentration	33
Ca^{2+}	64, 66, 72	Mitral regurgitation	61
Ca^{2+} チャネル	64, 75, 76	MR	61, 66
cAMP	64, 66	MRSA	23, 25, 32
CCNU	89	M 期	85, 86
c-Fos	90	Na^+	72, 79
CHOP	89	Na^+ チャネル	76
c-Jun	90	NMDA	72, 75
Cl^-	72, 79, 80	N-methyl D-aspartate	72
Cl^- チャネル	75, 77, 80	NO	36, 40
COP	90, 91, 92, 94, 95	NSAIDs	15, 17, 46, 87
COPA	94	OTC 薬	46
COX	46	PAE	33
COX-1（構成型）	47	PDE Ⅲ	66
COX-1/COX-2 選択性	49	PDE Ⅲ 阻害作用	67
COX-2（誘導型）	47	PEPT1	12
COX-2 選択性	90	PG	46
CRH	34	PGE_2	46
Curry	52	PGG_2	46
CYP	16, 41, 75	PGH_2	46
CYP2B11	17	PGI_2	47
CYP2C21	17	PI3K-AKT	94
CYP2D6	16	platelet-activating factor	39
CYP3A	41	Post antibiotic effect	33
CYP3A4	16	PS	61
DDS	38	Pulmonary stenosis	61
DNA/RNA 合成	86, 87, 88	P 糖蛋白	95, 96
DNA ジャイレース	30	QOL	58, 82, 85
DNA 合成	92	Quality of life	58
DNA 合成期	86, 87	sighthound	16
Drug Delivery System	38	S 期	85
dTMP	87, 88	TX	46
dUMP	87, 88	zosquidar	96
EBM	60	α1 酸性糖蛋白	14
Evidence based medicine	60	α 受容体遮断作用	66
FU	88	β ブロッカー	58, 61, 64
G_1 期	85	β ラクタマーゼ	24
G_2 期	85	β ラクタマーゼ産生菌	25
GABA	72, 75, 76, 80	β ラクタマーゼ耐性ペニシリン	25
$GABA_A$ 受容体	31, 72	β ラクタム系抗生物質	22, 29
IL-1	47	γ－アミノ酪酸	72
in vitro 試験	10		

■著者プロフィール

折戸謙介

<経歴>
1990 年　麻布大学 獣医学部 獣医学科卒業
1990 年〜1994 年　日本ロシュ研究所 薬理部研究員
1991 年〜1996 年　東北大学 医学部 大学院研究生
　　　　　　　　　　（第二薬理学講座）
1994 年〜2000 年　大塚製薬 徳島新薬研究所研究員
2000 年〜2008 年　麻布大学 獣医学部講師
2008 年〜　東京農工大学 客員教授
2008 年〜　麻布大学 獣医学部准教授

<所属>
麻布大学 獣医学部 生理学第二研究室 准教授
東京農工大学 客員教授

メカニズムから理解する 獣医臨床薬理学

Midori Shobo Co.,Ltd
Pet Life Sha & Chikusan Publishing

2010 年 10 月 10 日　第 1 刷発行

著　者	折戸謙介（おりとけんすけ）
発行者	森田　猛（もりたたけし）
発　行	チクサン出版社
発　売	株式会社 緑書房（みどりしょぼう） 〒103-0004 東京都中央区東日本橋 2 丁目 8 番 3 号 TEL　03-6833-0560 http://www.pet-honpo.com
デザイン	有限会社 オカムラ
印　刷	三美印刷 株式会社

Ⓒ Kensuke Orito
ISBN978-4-88500-676-0　Printed in Japan
落丁，乱丁本は弊社送料負担にてお取り替えいたします。

本書の複写にかかる複製，上映，譲渡，公衆送信（送信可能化を含む）の
各権利は株式会社緑書房が管理の委託を受けています。

JCOPY 〈(社)出版者著作権管理機構 委託出版物〉
本書の無断複写は著作権法上での例外を除き禁じられています。複写される
場合は，そのつど事前に，(社)出版者著作権管理機構 (TEL 03-3513-6969，
FAX 03-3513-6979，E-mail info@jcopy.or.jp) の許諾を得てください。